수학과 코딩을 위한 교사학습지도, 자기주도학습
'무엇을, 어떤 순서로, 어떻게 가르칠 것인가?'에 대한 해답

임해경 지음

수학교사를 위한
엔트리 지도서

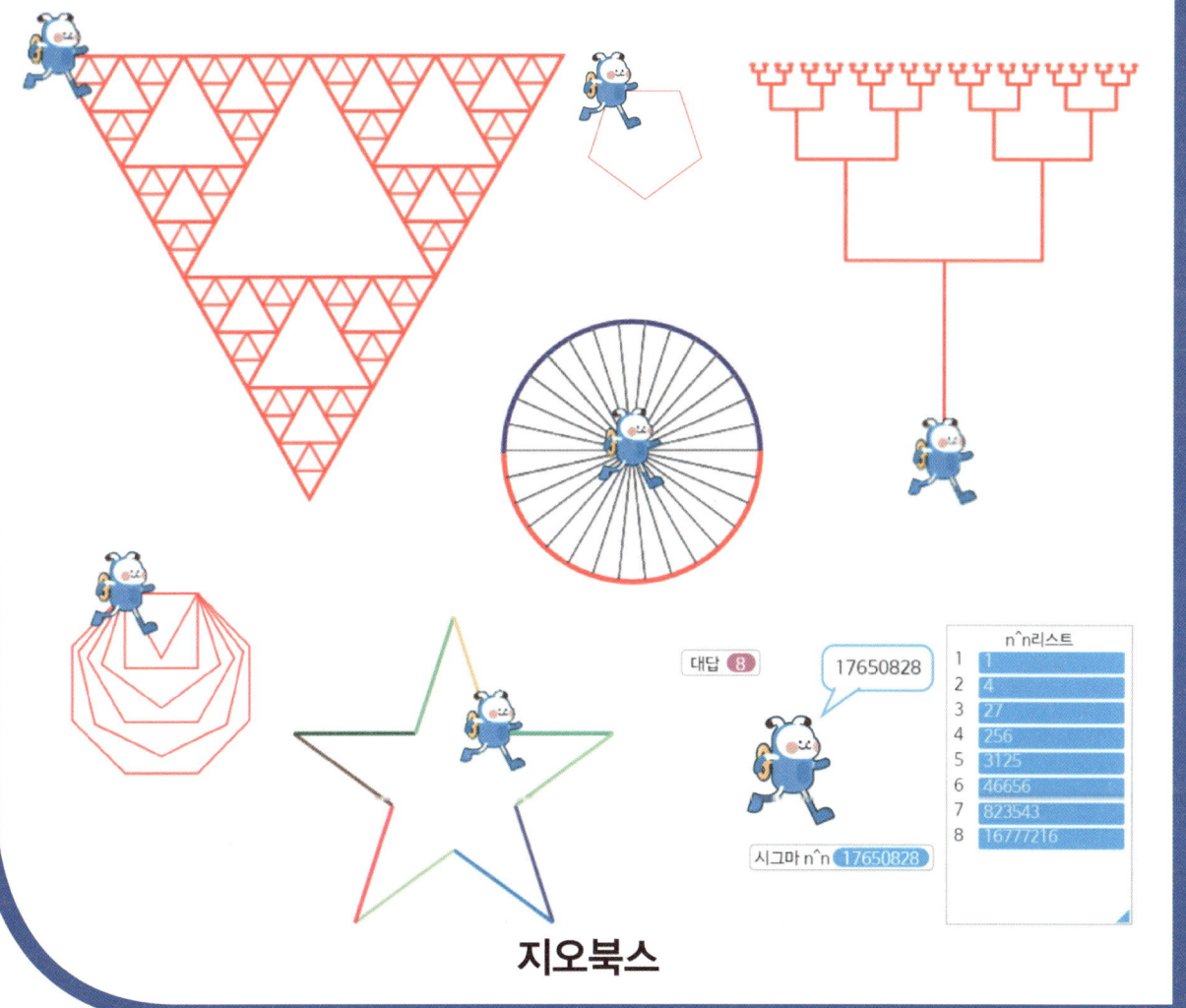

지오북스

저자 임 해 경
- 광주교육대학교 수학교육과 교수
- 수학과 교육과정 심의위원 역임.
- 초등학교 수학 교과서 심의위원 역임.

저서
- 초등수학코딩(엔트리 도형편)
- 초등수학코딩(엔트리 연산편)
- 엔트리와 함께하는 중등수학: 기하편
- 엔트리와 함께하는 코딩수학: 대수편
- 스크래치와 함께하는 중등수학: 기하편
- 생활 속의 수학이야기
- 초·중등 교사를 위한 GSP의 활용

수학 교사를 위한 엔트리 지도서

초판인쇄	2020년 9월 1일
초판발행	2020년 9월 1일
저 자	임해경
펴 낸 곳	지오북스
발 행 인	신은정
주 소	서울 중구 퇴계로 213 일흥빌딩 408호
등 록	2016년 3월 7일 제395-2016-000014호
전 화	02)381-0706 ｜ 팩스 02)371-0706
이 메 일	emotion-books@naver.com
홈페이지	www.geobooks.co.kr

ISBN 979-11-87541-89-9
값 22,000원

이 도서의 국립중앙도서관 출판예정도서목록(CIP)은 서지정보유통지원시스템 홈페이지(http://seoji.nl.go.kr)와 국가자료공동목록시스템(http://www.nl.go.kr/kolisnet)에서 이용하실 수 있습니다. (CIP제어번호 : CIP2020031918)

이 책은 저작권법으로 보호받는 저작물입니다.
이 책의 내용을 전부 또는 일부를 무단으로 전재하거나 복제할 수 없습니다.
파본이나 잘못된 책은 바꿔드립니다.

이 책의 머리말

읽기, 쓰기, 셈하기는 모든 사람이 갖추어야 할 기본 소양입니다. 이는 인류 역사 이래 변함없는 명제입니다. 그런데 이 시대를 살아가는 모든 사람은 읽기, 쓰기, 셈하기에 더하여 '컴퓨팅 사고(Computational thinking)'를 기본 소양으로 갖추어야한다고 윙(Jeannette M. Wing, 2006) 교수가 주장하였고, 세계 여러 나라에서는 다투어 컴퓨팅 사고 교육을 하고 있습니다. 컴퓨팅 사고란 컴퓨터를 다루는 컴퓨터 과학자들이 생각하는 방식으로 생각하는 것을 말합니다. 컴퓨팅 사고는 수학적 사고와 공학적 사고를 결합하는 인간의 사고 방법이며 창의적 아이디어입니다.

우리나라에서도 시대의 변화와 요구에 부응하여 코딩이 교육과정에 도입되었고, 창의융합형 인재 양성을 위하여 모든 교과에 코딩을 접목하기 위한 연구가 이루어지고 있습니다.

이 책은 이러한 변화를 선도적으로 이끌어갈 교사를 위한 교재입니다.

교사가 수학과 코딩을 접목하려고 할 때 '무엇을, 어떤 순서로, 어떻게 가르칠 것인가?'에 대한 해답을 주고자 합니다.

이를 위하여
* 수학과 교육과정과 교과서 내용을 반영하였고
* 수학 수준과 코딩의 난이도를 고려하여 내용을 추리고 계통성을 갖추었습니다.
* 학생을 위한 발문과 권고, 교수•학습 방법, 이론적 배경을 수록하였습니다.
* 수학과 코딩을 융합한 문제 해결 중심으로 전개 하였습니다.
* 자기 주도적이고 창의적으로 문제를 해결할 수 있도록 유도하였습니다.
* 교수•학습 지도안(예시)을 수록하였습니다.
* 교사 자신의 '컴퓨팅 사고'를 위하여 각 단원의 말미에 교사 수준의 문제를 첨부하였고, 따로 교사를 위한 챕터를 추가 하였습니다.

〈주제, 관련 단원〉

	챕터. 주제	학년(단원)	내용 영역
1부	01. 평면도형 그리기	2-1(2)여러 가지 도형 3-1(2)평면도형 4-2(2)삼각형 4-2(4)사각형. 4-2(6)다각형	도형
	02. 정다각형 그리기	4-2(6)다각형 4-1(2)각도	
	03. 변수 만들기		
	04. 좌표를 이용하여 도형그리기		
	05. 여러 가지 그림	4-1(2)각도 4-1(4)평면도형의 이동	
	06. 원 그리기	3-2(3)원	
	07. 나선 그리기	3-2(3)원	
	08. 함수 만들기		
	09. 스트링아트 그리기	교사 수준	
	10. 재귀적 절차		
	11. 프랙탈 도형 그리기		
2부	12. 계산박사	5-1(5)다각형의 넓이 5-1(5)다각형의 넓이 개정전4-2(4)어림하기 6-1(5)원의 넓이	수와 연산 측정
	13. 연산공부방	6-1(3)소수의 나눗셈 6-1(6)직육면체의 겉넓이와 부피	
	14. 규칙대로 수 말하기	4-1(6)규칙 찾기 5-1(1)약수와 배수	수와 연산
	15. 약수 판별	5-1(1)약수와 배수	
	16. 약수 구하기(리스트)		
	17. 공약수, 최대공약수		
	18. 동전 던지기	5-2(6)자료의 표현	수와 연산 자료와 가능성
	19. 평균 구하기	5-2(6)자료의 표현	
	20. 우박수	4-1(6)규칙 찾기	수와 연산 규칙성
	21. 소수 구하기 (에라토스테네스의 체)	교사 수준	수와 연산
	22. 피보나치 수열		
	23. 재귀적 절차(자연수의 합)		

이 책의 목차

1장	평면도형 그리기	04
2장	정다각형 그리기	31
3장	변수 만들기	40
4장	좌표를 이용하여 도형 그리기	47
5장	여러 가지 그림 그리기	56
6장	원 그리기	71
7장	나선 그리기	79
8장	함수 만들기	84
9장	스트링아트 그리기	92
10장	재귀적 절차(1)	98
11장	프랙탈 도형 그리기	106
12장	계산박사	131
13장	연산공부방	153
14장	규칙대로 수 말하기	157
15장	약수 판별	173
16장	약수 구하기(리스트)	177
17장	공약수, 최대공약수	191
18장	동전 던지기, 가위바위보	199
19장	평균 구하기	209
20장	우박수 계산하기	214
21장	소수 구하기(에라토스테네스의 체)	222
22장	피보나치수열	227
23장	재귀적 절차(2) $(\Sigma n,\ n!,\ 2^n,\ \Sigma n^3,\ \Sigma n^n)$	231

CHAPTER 1 평면도형 그리기

학습 내용!

- 엔트리 - 순차, 반복 - 이동하기, 회전하기, 그리기, 기다리기, 반복하기, 붓의 굵기, 붓의 색, 오브젝트의 방향, 회전방향
- 수학 - 정사각형, 직사각형(3-1-2평면도형) 정삼각형(4-2-2삼각형) 마름모, 평행사변형(4-2-4 사각형)

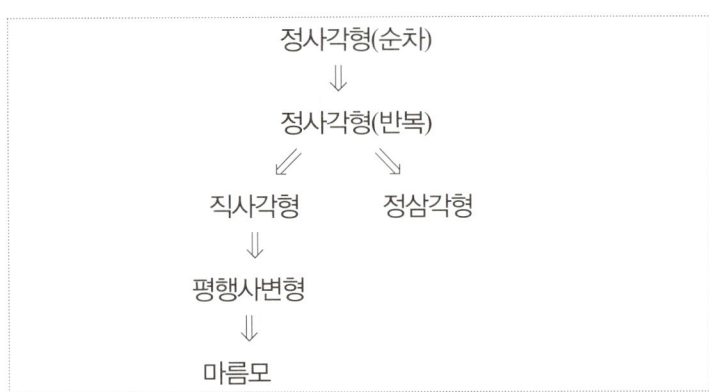

1. 정사각형(순차)

다음 블록을 사용하여 한 변의 길이가 100인 정사각형을 그리는 코딩을 해 봅시다.

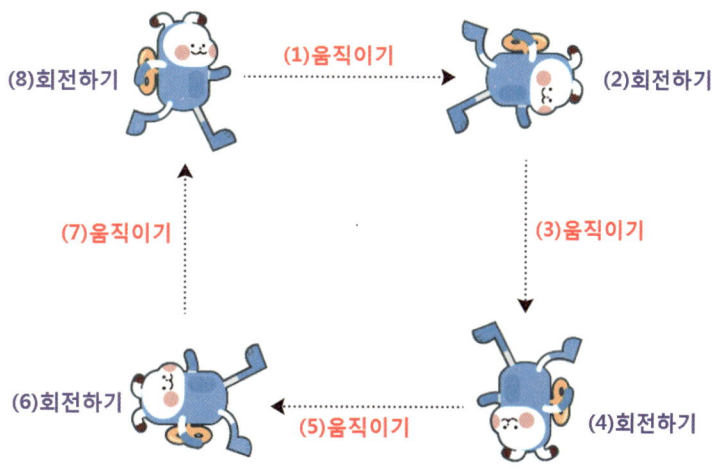

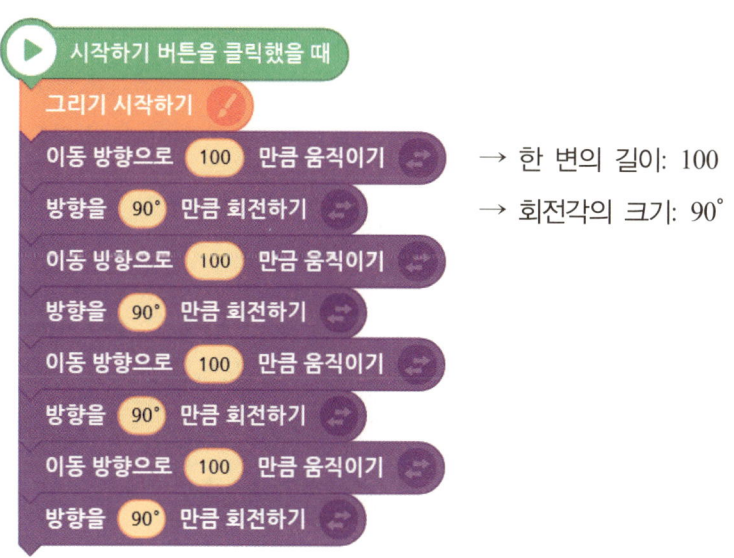

→ 한 변의 길이: 100
→ 회전각의 크기: 90°

학생에게 발문 & 권고

- 이 코딩 결과에서 특징은 무엇입니까? 똑같은 블록이 반복되어 있습니다.
- 똑같은 블록은 복사해서 붙이면 편리하겠죠?

Chapter 1 평면도형 그리기

블록 Tip

코드 복사

똑같은 블록들을 여러 번 사용했습니다. 이런 경우에 복사하기를 하면 매우 편리합니다. 복사할 블록들의 맨 위의 블록에 커서를 두고 마우스의 오른쪽 버튼을 클릭하면 다음과 같이 나타납니다.

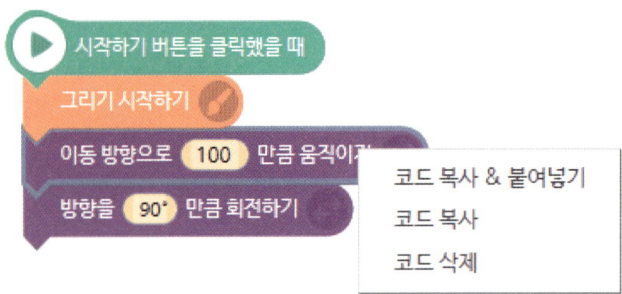

학생에게 발문 & 권고

-  을 클릭하여 실행해 보세요.
- 원하는 그림이 잘 그려졌습니까?
- 엔트리봇이 그림을 그리는 과정을 볼 수 있었나요? **아니요, 완성된 그림만 보입니다.**
- 엔트리봇이 그림을 그리는 과정을 우리가 관찰할 수 있도록 중간에 잠시 쉬었다가 움직이면 좋겠어요. 이 때 사용할 블록을 찾아보세요.

2. 정사각형(반복)

학생에게 발문 & 권고

▶ 블록의 개수를 최소화하여 코딩하는 방법을 생각해볼까요?

반복 구조 프로그래밍

똑같은 블록들을 여러 번 사용하는 경우에는 '반복하기' 블록을 사용하면 블록의 개수를 줄일 수 있고 구조를 한 눈에 알아 볼 수 있습니다.

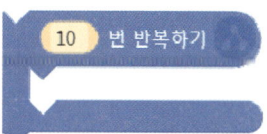

반복 구조

Chapter 1 평면도형 그리기 **7**

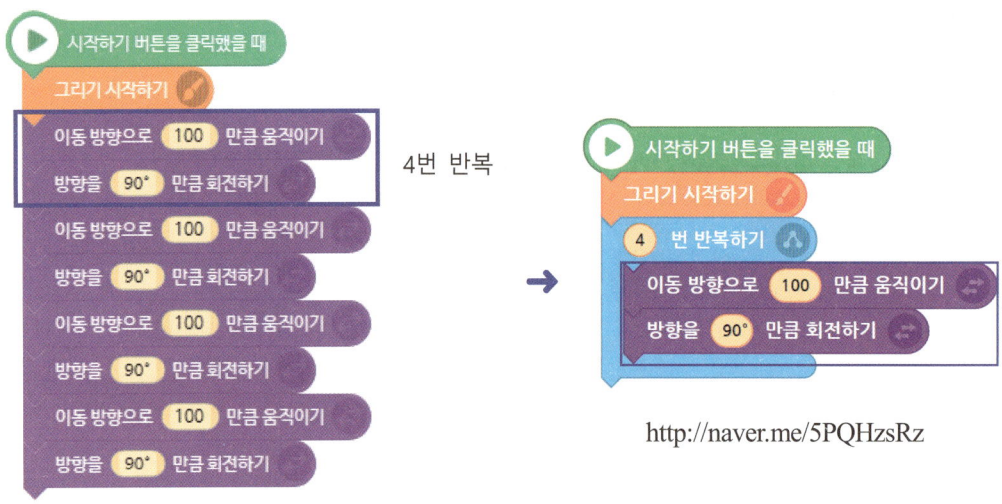

http://naver.me/xVsIS3U2

http://naver.me/5PQHzsRz

> **학생에게 발문 & 권고**
> - 크기가 다른 정사각형을 그려보세요.
> - 크기가 다른 정사각형을 그리기 위해서는 변의 길이와 각의 크기 중 어떤 것을 바꾸어야 할까요? **변의 길이**

3. 직사각형

 가로의 길이가 100, 세로의 길이가 80인 직사각형을 그리는 코딩을 해 봅시다.

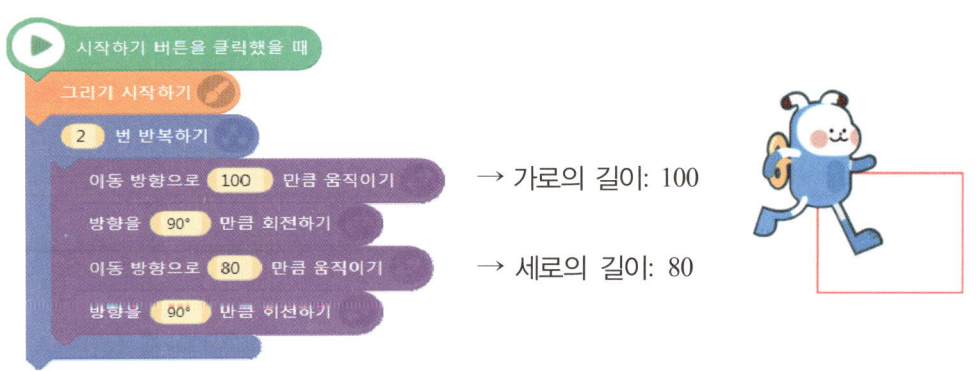

http://naver.me/GYyEetpS

학생에게 발문 & 권고

- 직사각형의 코딩 결과가 정사각형과 다른 점은 무엇입니까?
- 반복은 몇 번 합니까? **2번**
- 이 코드를 이용하여 정사각형을 그리고 싶다면 어떻게 하면 될까요? 한 곳의 숫자만 바꾸어 정사각형으로 바꾸어 보세요.

정사각형은 네 변의 길이가 같으므로 이동 거리를 같게 합니다.

- 모양이 다른 직사각형을 그려 보세요.

4. 정삼각형

 한 변의 길이가 100인 정삼각형을 그리는 코딩을 해 봅시다.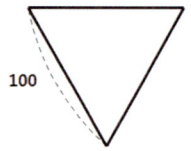

학생에게 발문 & 권고

- 정사각형 코드를 응용하여 정삼각형을 그리려고 합니다. 바꾸어야 할 곳은 어디입니까?
- ○안의 숫자를 바꾸어 완성하세요.
- 정삼각형을 그리려면 방향을 몇도 회전해야 할까요?
- 빈 칸에 알맞은 수를 넣으세요.

- 혹시 회전 각도를 60도 라고 생각했다면 60을 입력하고 실행해 보세요. 어떤 일이 생겼습니까?

- 엔트리봇이 몇도 회전해야 할지 알아봅시다. 그림에서 볼 수 있듯이 120도 회전해야 합니다.

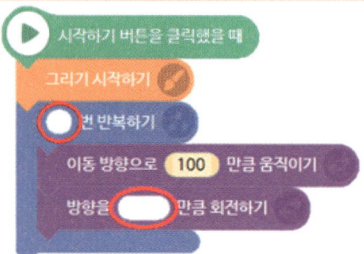

→ 한 변의 길이: 100
→ 회전각의 크기: 120°

http://naver.me/G9E5tFOJ

5. 평행사변형

 그림과 같은 평행사변형을 그리는 코딩을 해 봅시다.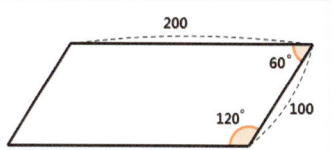

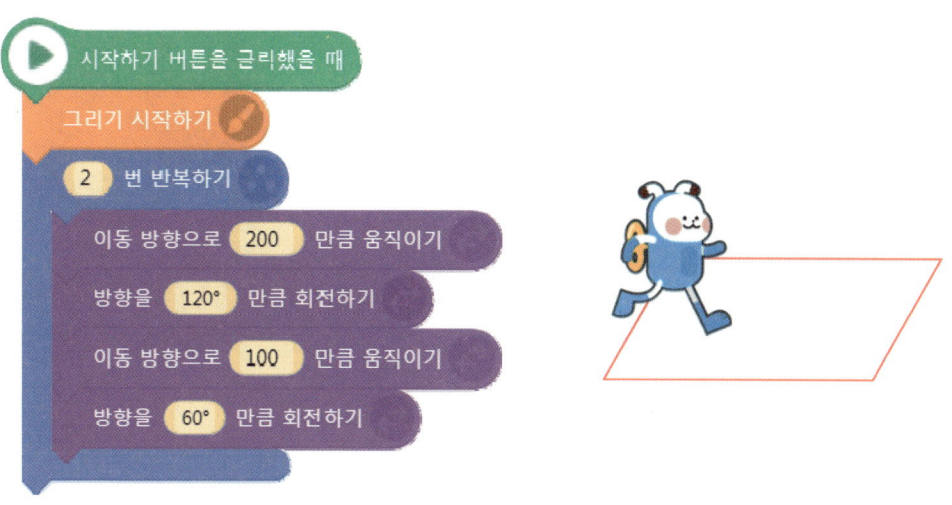

https://goo.gl/E9LTjg

학생에게 발문 & 권고

- 직사각형과 평행사변형의 다른 점은 무엇입니까?
- 반복은 몇 번 합니까?
- 이 코드를 이용하여 직사각형을 그리고 싶다면 어떻게 하면 될까요? 어느 곳의 숫자를 바꾸면 될까요? **직사각형은 네 각이 직각이므로 회전각을 90으로 입력합니다.**
- 다음과 같은 모양의 평행사변형을 그려보세요.

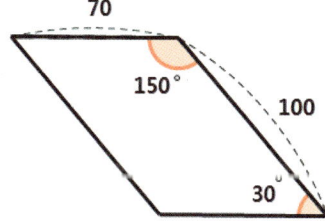

- 크기와 모양이 다른 여러 가지 모양의 평행사변형을 그려 봅시다.

Chapter 1 평면도형 그리기 11

6. 마름모

 마름모를 그리는 코딩을 해 봅시다.

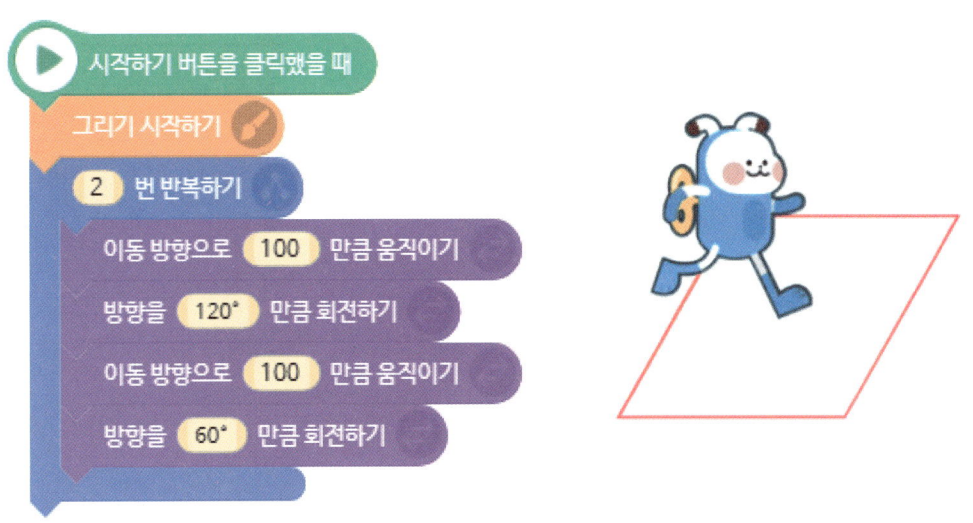

https://goo.gl/Q1VhEH

학생에게 발문 & 권고

▸ 크기와 모양과 방향이 다른 여러 가지 모양의 마름모를 그려 봅시다.

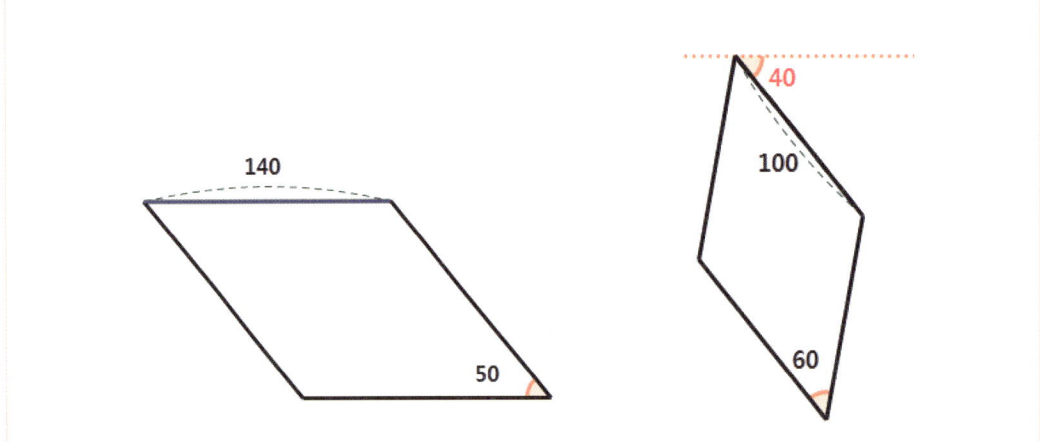

블록 Tip	
비슷한 두 블록의 차이점	
방향을 90° 만큼 회전하기	이동 방향을 90° 만큼 회전하기
오브젝트의 방향을 바꾼다.	오브젝트의 방향은 바뀌지 않고 이동 방향만 바뀐다.

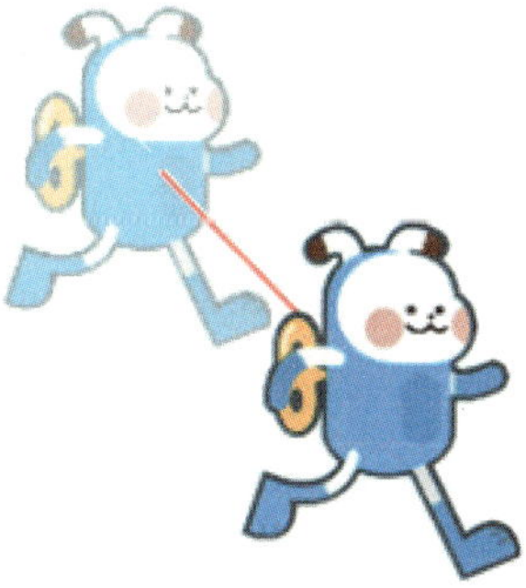

블록 Tip
선의 굵기, 선의 색

붓의 붓의 굵기를 1 (으)로 정하기 / 붓의 굵기를 1 만큼 바꾸기 / 붓의 색을 ■ (으)로 정하기 / 붓의 색을 무각위로 정하기 / 붓의 투명도를 10 % 만큼 바꾸기 / 붓의 투명도를 10 %만큼 바꾸기 / 를 이용하여 선의 굵기, 색, 투명도를 바꿀 수 있습니다.

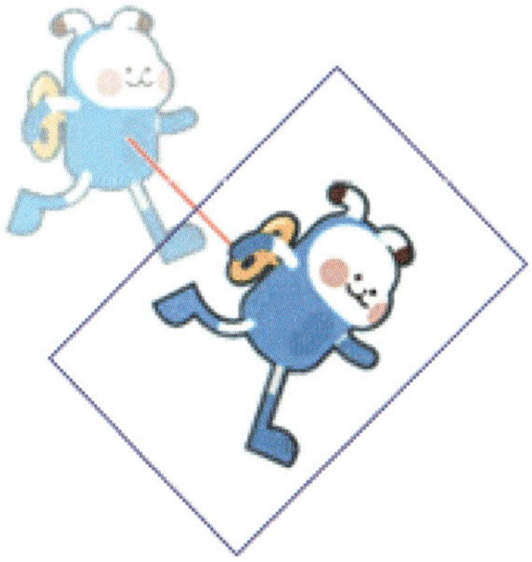

Chapter 1 평면도형 그리기   13

학생에게 발문 & 권고

- 🖌 의 블록들을 이용하여 도형을 예쁘게 꾸며 보세요.

(예)

시작하기 버튼을 클릭했을 때
붓의 굵기를 2 (으)로 정하기
그리기 시작하기
4 번 반복하기
  붓의 색을 무작위로 정하기
  이동 방향으로 100 만큼 움직이기
  방향을 90° 만큼 회전하기

https://goo.gl/WZRJWf

(예)

시작하기 버튼을 클릭했을 때
그리기 시작하기
2 번 반복하기
  붓의 굵기를 1 (으)로 정하기
  붓의 색을 ■ (으)로 정하기
  이동 방향으로 80 만큼 움직이기
  방향을 90° 만큼 회전하기
  붓의 굵기를 5 (으)로 정하기
  붓의 색을 ■ (으)로 정하기
  이동 방향으로 120 만큼 움직이기
  방향을 90° 만큼 회전하기

https://goo.gl/5TQ1a3

엔트리봇의 방향

오브젝트의 방향은 점으로 표시되어 있습니다. 점을 움직이면 방향이 바뀝니다.
실행화면 아래에 방향이 숫자로 표시됩니다.

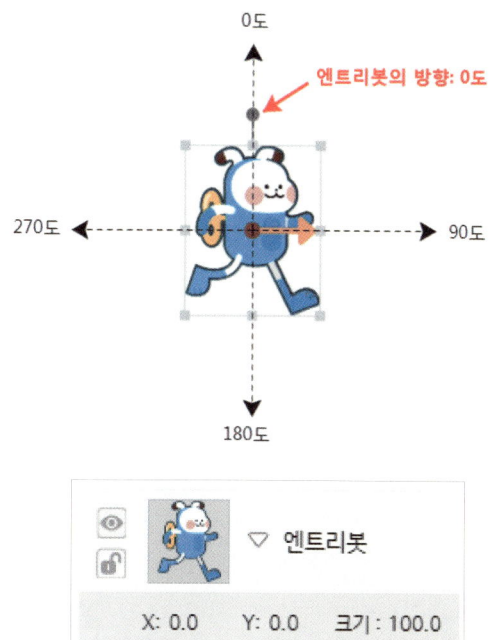

엔트리봇의 방향을 나타내는 점을 돌려서 방향을 바꾸어 봅시다.
오브젝트 오른쪽의 연필 모양을 클릭하여 방향에 숫자를 입력해도 됩니다.

회전 방향

- 반시계방향으로 30도는 시계방향으로 330도와 같습니다.

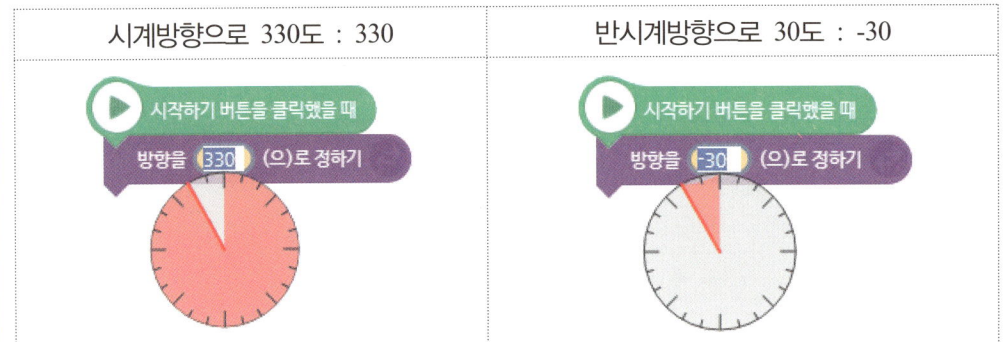

- 회전 결과는 같지만 과정은 다릅니다. 서로 반대 방향으로 회전합니다.

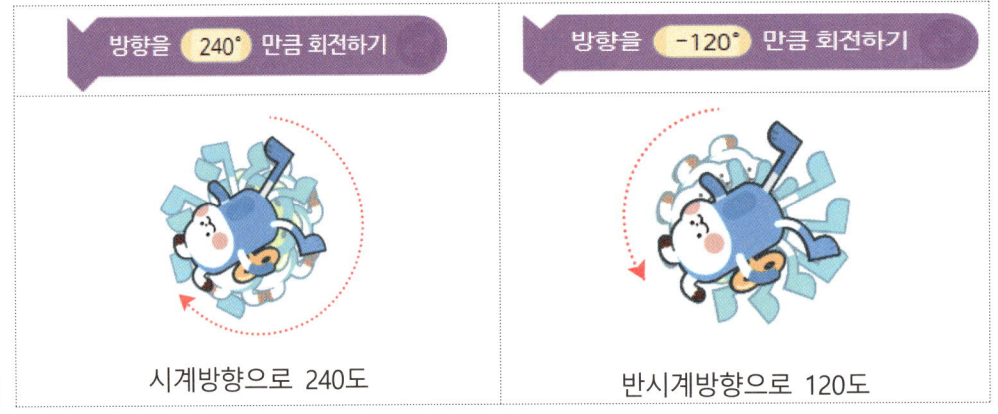

복습문제

▶ 서로 어울리는 것끼리 선으로 이으세요.

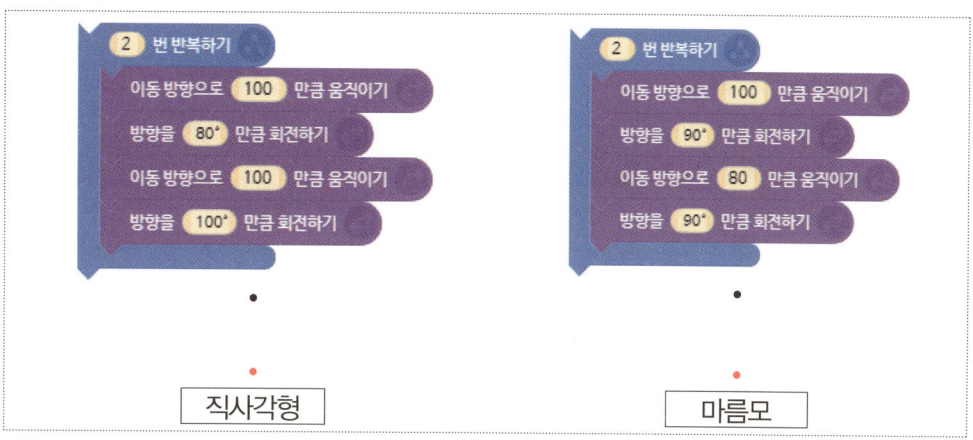

▶ 그림에 맞도록 ◯ 에 알맞은 숫자를 써 넣으시오.

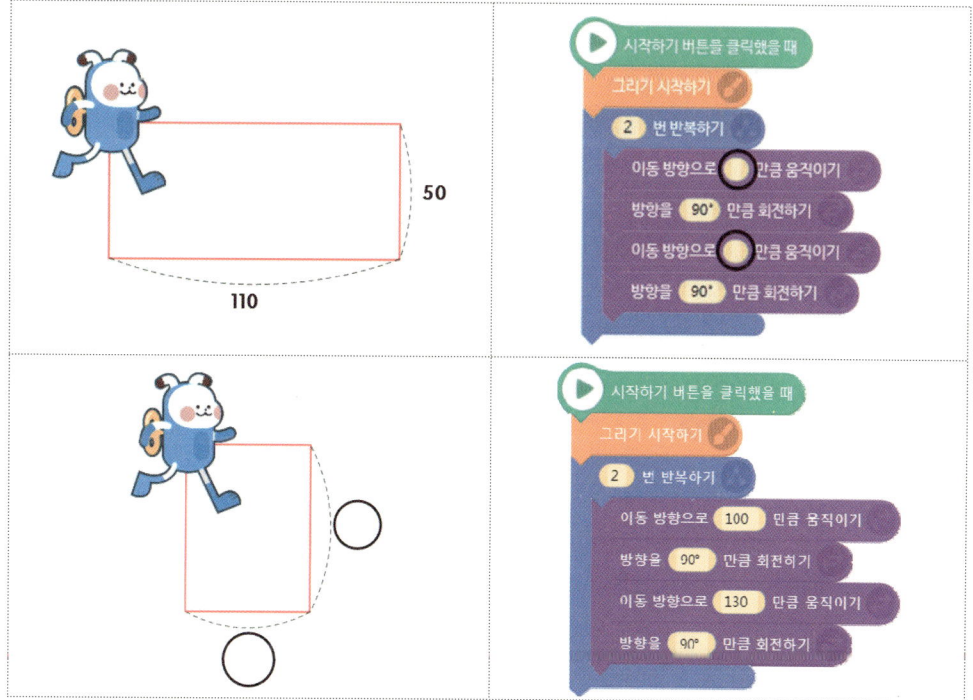

Chapter 1 평면도형 그리기 17

탐 구 문 제

01 직사각형과 정사각형의 같은 점과 다른 점은 무엇입니까?

같은 점	다른 점
• 네 각이 모두 직각이다. • 마주보는 변이 평행이다. • 마주보는 변의 길이가 같다.	┌ 정사각형 – 네 변의 길이가 같다. └ 직사각형 – 마주보는 두 변의 길이가 같다.

02 정사각형은 직사각형이라고 할 수 있습니까?
네, 정사각형은 네 각이 모두 직각인 사각형이므로 직사각형입니다.

03 그럼 '직사각형 그리기' 프로그래밍을 이용하여 정사각형 그리기를 할 수 있습니까?
네, 할 수 있습니다.
정사각형을 그리는 여러 가지 방법 중 한 가지입니다.

04 '직사각형 그리기' 코드입니다. 정사각형이 그려지도록 빈칸에 알맞은 수를 넣으세요.

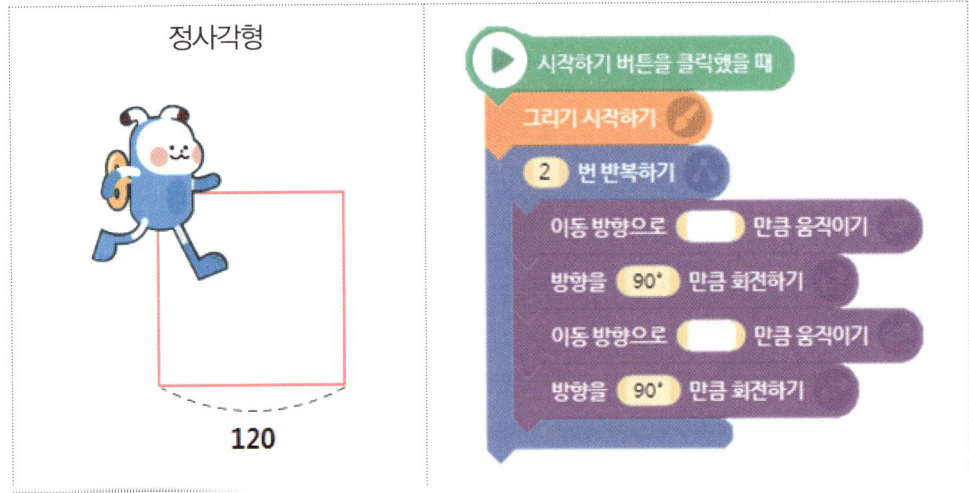

| 교과서 들여다보기 | 수학 3-1 2단원 평면도형 |

네 각이 모두 직각이고 네 변의 길이가 모두 같은 사각형을 **정사각형**이라고 합니다.

네 각이 모두 직각인 사각형을 **직사각형**이라고 합니다.

| 교과서 들여다보기 | 수학 4-2 4단원 사각형 |

마주 보는 두 쌍의 변이 서로 평행한 사각형을 **평행사변형**이라고 합니다.

네 변의 길이가 모두 같은 사각형을 **마름모**라고 합니다.

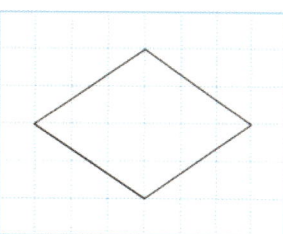

| 교과서 들여다보기 | 수학4-2 4단원 삼각형 |

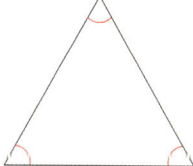

정삼각형은 세 변의 길이가 같습니다.
정삼각형은 세 각의 크기가 같습니다. 한 각의 크기는 60°입니다.

교수-학습 방법

- 코딩 교육을 시작할 때 '움직이기'를 맨 처음 도입하는 것은 시작 블록 아래에 단 하나의 '움직이기' 블록을 연결한 코드를 실행하면 즉시 결과를 눈으로 확인할 수 있기 때문입니다.

학생들은 실행 결과를 쉽게 예측할 수 있고 자신의 명령에 따라 움직이는 엔트리봇을 보면서 엔트리봇을 조정할 코딩에 대한 흥미를 갖게 됩니다.

-  블록을 도입할 때에는 그림을 그리기 위해 자취를 남길 필요성을 학생 스스로 깨닫게 합니다.
- 새로운 블록을 도입할 때 학생들이 스스로 블록을 찾아보도록 유도합니다.
- 교사가 설명하고 학생들은 (단순히) '따라 하기' 하지 않도록 각별히 유의합니다.
- 순차를 충분히 익힌 후 반복을 도입합니다.
- 학생들이 스스로 반복의 필요성을 느끼도록 합니다.
- 코딩을 처음 배우는 시기에 수학의 어려움으로 인하여 코딩에 흥미를 잃지 않도록 주의합니다.
- 엔트리봇이 움직이면서 도형을 그릴 때 학생 스스로가 엔트리봇이 되어 움직여 보거나 움직임을 상상하도록 합니다.
- 크기, 모양, 방향이 다른 다양한 도형(정사각형, 직사각형, 평행사변형, 마름모)을 그려 보도록 하여 창의적 발상을 하게 합니다.
- 학생들의 수학적 사고력, 절차적 사고력, 논리적 사고력, 창의력의 신장을 위하여 다양하고 창의적인 발문이 필요합니다.

- 초등 수학 지식으로는 `이동 방향으로 10 만큼 움직이기` `방향을 90° 만큼 회전하기` 만을 이용하여 일반 사다리꼴이나 직각삼각형의 작도는 어렵습니다.

초등학교 교육과정에서 배우는 평면도형의 정의를 학년 별, 도입 순서를 살펴보면 다음 표와 같습니다.

학년/단원	평면도형 개념(정의; 약속하기)
3-1-02 평면도형	직각삼각형 ➔ 직사각형 ➔ 정사각형
3-2-03 원	원
4-2-02 삼각형	이등변삼각형 ➔ 정삼각형
4-2-04 사각형	사다리꼴 ➔ 평행사변형 ➔ 마름모
4-2-06 다각형	정오각형 ➔ 정육각형

여기서 몇 가지 문제에 대해 논의 해 봅시다.

 논의

'정삼각형 그리기'와 '정사각형 그리기' 코딩 중 어느 것을 먼저 지도하는 것이 좋을까?
- 쉽고 단순한 것부터 지도하는 것이 당연합니다.
- 수학에 대한 어려움이나 거부감으로 인하여 코딩 학습을 포기하지 않도록 하기 위해서 코딩 블록과 수학 지식의 난이도를 충분히 고려한 체계적인 코딩 수업의 교육과정이 필요합니다.
- 다각형을 작도하기 위해서는 '외각의 크기'만큼 회전해야 된다는 사실을 결국에는 깨닫게 됩니다. 그런데 코딩 절차에 익숙하기 전에 높은 수학지식(외각의 개념)의 필요성에 부딪히게 되면 코딩에 대한 흥미나 자신감을 지레 잃게 됩니다.
- 정사각형은 내각과 외각이 (90도로) 같기 때문에 작도 절차에만 집중하여도 문제해결(정사각형의 작도)이 가능합니다. 따라서 정다각형 작도에서 맨 처음 정사각형을 그리도록 하는 것이 바람직합니다.
- 정사각형으로써 작도 절차를 알고 난 후 '정삼각형 그리기'를 하도록 합니다.

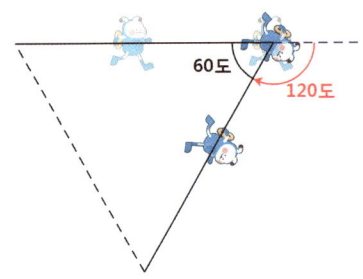

- 실행하면 즉시 나타나는 결과가 즉각적인 피드백을 주게 되며, 반성적 사고와 시행착오를 통하여 성공적인 문제해결(정삼각형 작도)에 도달하게 됩니다.
- 이러한 코딩 과정을 통하여 새로운 수학적 개념(외각의 개념)을 깨닫게 되고, 이미 알고 있던 수학 지식을 확고히 하게 됩니다.

 논의

'평면도형 그리기' 코딩 지도 순서는 어떻게 하면 좋을까?
- 간단한 코딩 절차, 쉬운 수학적 개념부터 먼저 도입합니다.
- 더 높은 차원의 수학 개념을 도입할 때에는 바로 전 단계에 해당하는 도형을 다시 환기시켜서 발전시킵니다.
- 정사각형은 (특별한) 직사각형입니다. 따라서 수학과 교육과정에서 정사각형은 직사각형의 개념을 먼저 익힌 후에 도입합니다. 그러나 코딩을 접목할 때는 정사각형을 먼저 지도하는 것이 바람직합니다. 코딩 절차가 더 단순하기 때문입니다.

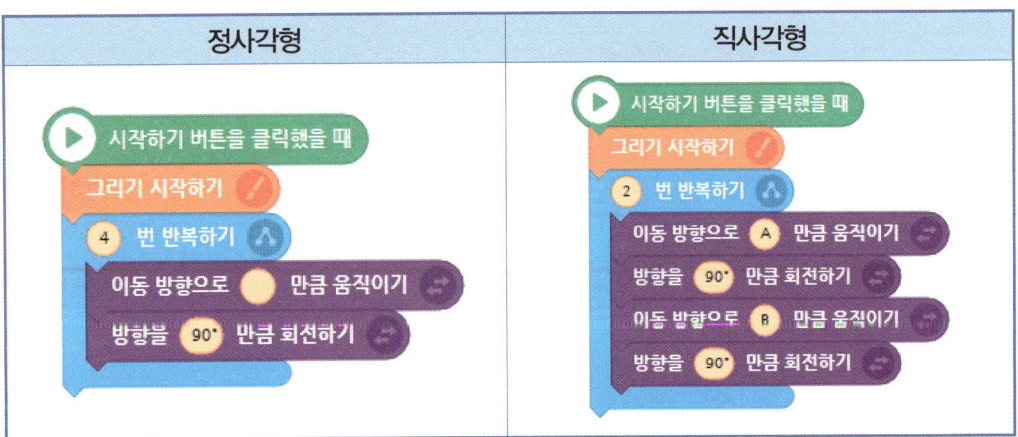

∘ 평면도형 그리기 코딩은 아래와 같은 순서로 지도합니다.

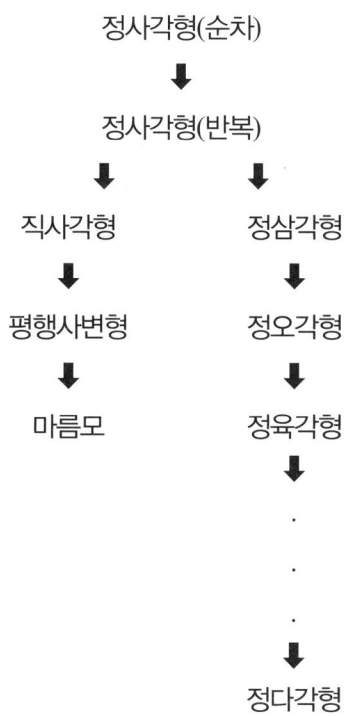

교 사 를 위 한 문 제

> 직각삼각형을 그리는 코딩을 해 봅시다.

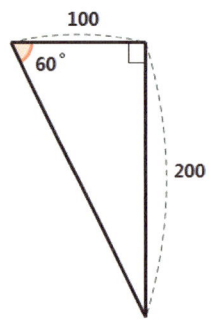

풀이 피타고라스 정리를 이용하여 빗변의 길이 구하기, 루트 블록 사용하기

https://goo.gl/SYptLj

블록 Tip

루트 계산

교수·학습 지도안(예시)

학습 주제	정사각형 작도 코딩		
관련 단원	3-1(2) 평면도형(정사각형)	대상	정사각형의 개념을 충분히 숙지한 학생
교과 역량	수학개념	정사각형	
	코딩개념	움직이기, 회전하기, 그리기 시작하기, 반복.	
학습 목표	• 정사각형 작도 프로그램을 만들 수 있다. • 크기와 방향이 다른 정사각형 작도 프로그램을 만들 수 있다		

단계	학습 요소	교수·학습 활동	자료(•) 및 유의점(▫)
도입	전시 학습 상기 및 동기 유발 공부할 문제 및 순서 확인	• 전시학습 상기 및 동기유발 · 정사각형의 특징을 말해 봅시다. - 네 각이 직각이고 네 변의 길이가 같습니다. · 눈이 쌓인 운동장에서 여러분이 발자국으로 정사각형을 그리려고 한다면 어떻게 움직여야 할지 생각해 보세요. 움직이는 모습을 말로 표현해 보세요. • 공부할 문제 및 학습 순서 확인하기 엔트리로 정사각형을 그리는 코딩을 해 봅시다. [활동1] 정사각형 작도 코딩하기 [활동2] 크기와 방향이 다른 정사각형 작도 코딩하기	•엔트리 ▫도형의 개념을 충분히 숙지한 학생을 대상으로 코딩을 도입하도록 한다. ▫학생 스스로가 엔트리봇이 되어 움직여 보거나 움직임을 상상하도록 한다.

전개		• [활동1] 정사각형 작도 코딩하기
		· 엔트리봇에게 정사각형을 그리라고 명령하려고 합니다. 엔트리봇이 움직이면서 정사각형을 그릴 때 필요한 블록을 찾아보세요.
		  - [이동 방향으로 10 만큼 움직이기] [방향을 90° 만큼 회전하기]
		· 엔트리봇이 움직일 때마다 흔적을 남기려면 어떻게 할까요?
		  - 발바닥에 색연필을 붙이면 될 것 같아요.
		· 엔트리봇이 움직이면서 그림을 그리려고 할 때 사용할 블록을 찾아봅시다. - [그리기 시작하기]
		· [시작하기 버튼을 클릭했을 때] 아래에 필요한 블록들을 순서에 맞게 조립하여 한 변의 길이가 100인 정사각형 작도 프로그램을 만들어 보세요.
			▫처음 도형을 작도할 때나 필요에 따라서는 교사가 블록을 지정해 줄 수 있으나, 일반적으로 문제해결을 위해 필요한 블록을 학생 스스로 찾는 것이 바람직하다.

| 정사각형 작도 프로그램 만들기 | [블록 코드 이미지: 시작하기 버튼을 클릭했을 때 / 그리기 시작하기 / 이동 방향으로 100 만큼 움직이기 / 방향을 90° 만큼 회전하기 / (반복 4회)] → 한 변의 길이: 100
→ 회전각의 크기: 90

· ▶ 을 클릭하여 실행해 보세요.
· 원하는 그림이 잘 그려졌습니까?
· 엔트리봇이 그림을 그리는 과정을 관찰할 수 있었나요?
　- 아니요, 완성된 그림만 보입니다.
· 엔트리봇이 그림을 그리는 과정을 우리가 관찰할 수 있도록 중간 중간 잠시 쉬었다가 움직이면 좋겠어요. 이 때 사용할 블록을 [흐름] 에서 찾아보세요.
　- [2초 기다리기]
· [2초 기다리기] 을 블록의 중간 중간에 끼워 넣고 실행 해 보세요.

[블록 코드 이미지: 시작하기 버튼을 클릭했을 때 / 그리기 시작하기 / 이동 방향으로 100 만큼 움직이기 / 0.3초 기다리기 / 방향을 90° 만큼 회전하기 / 0.3초 기다리기 / (반복)] | ▫교사는 돌아다니며 학생들의 활동을 점검하고 개별적으로 도움을 준다. |

		· 정사각형 작도 프로그램의 특징을 찾아보세요. 　- 똑같은 블록이 반복 됩니다. · 똑같은 블록들을 여러 번 사용해야 할 때 어떻게 하면 좋을까요? 　- 복사 기능이 있으면 좋겠습니다. · 네~, 그렇죠. '복사하기' 기능을 이용하면 매우 편리합니다. 복사할 블록들의 맨 위 블록에 커서를 두고 마우스의 오른쪽 버튼을 클릭해 보세요.  · 그런데 똑같은 블록을 이처럼 여러 번 붙이는 대신 더 좋은 방법이 없을까요? · 블록의 개수도 줄이고 알아보기 쉽게 하는 방법은 없을까요? · 똑같은 블록들을 여러 번 사용하는 경우에는 '반복하기' 블록을 사용하면 블록의 개수를 줄일 수 있고 구조를 한 눈에 알아볼 수 있습니다. '반복하기' 블록을 [흐름]에서 찾아보세요.	▫복사와 반복의 필요성을 학생들이 스스로 깨닫도록 유도한다.
	반복하기	· [10 번 반복하기] 블록을 사용하여 조립하고 실행해 보세요.	

크기와 방향이 다른 정사각형	• 그림 그리는 과정을 보고 싶다면 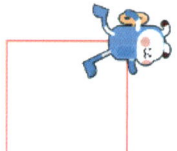 을 추가하여 실행해 보세요. 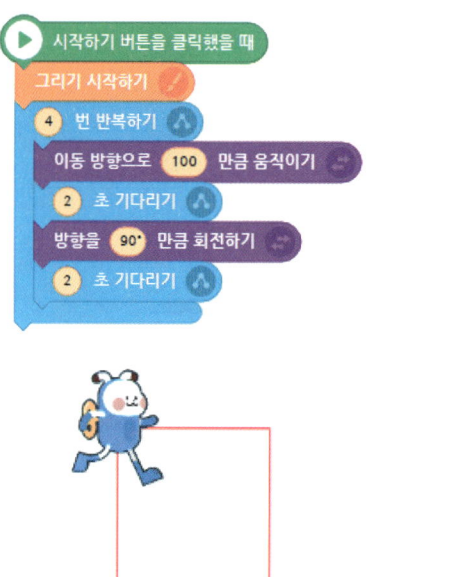 • [활동2] 크기와 방향이 다른 정사각형 작도 코딩하기 • 한 변의 길이가 200인 정사각형이 되도록 하려면 다음 프로그램에서 어디를 어떻게 수정하면 될까요?. - 이동방향으로 200 만큼 움직이기 하면 됩니다. • 어떤 프로그램을 실행을 하였더니 다음과 같은 모습이 되었습니다. 그 프로그램을 만들어 볼까요?	▫다양한 문제 제시는 학생들의 창의적 발상에 도움을 준다. 하지만 해결 과정에서 학생의 수학 지식의 범위를 넘지 <u>않도록</u> 유의 한다.

여러 가지 방법	
	▷ 시작하기 버튼을 클릭했을 때 방향을 90° 만큼 회전하기 그리기 시작하기 4 번 반복하기 　이동 방향으로 100 만큼 움직이기 　방향을 90° 만큼 회전하기	학생들이 여러 가지 방법을 고안해 낼 분위기를 조성한다.

· 또 다른 방법은 없을까요? 여러 가지 방법으로 만들어 봅시다.

▷ 시작하기 버튼을 클릭했을 때
그리기 시작하기
4 번 반복하기
　이동 방향으로 100 만큼 움직이기
　방향을 90° 만큼 회전하기
이동 방향으로 100 만큼 움직이기
방향을 90° 만큼 회전하기

▷ 시작하기 버튼을 클릭했을 때
그리기 시작하기
5 번 반복하기
　이동 방향으로 100 만큼 움직이기
　방향을 90° 만큼 회전하기

▷ 시작하기 버튼을 클릭했을 때
그리기 시작하기
방향을 180° 만큼 회전하기
7 번 반복하기
　이동 방향으로 100 만큼 움직이기
　방향을 90° 만큼 회전하기

▷ 시작하기 버튼을 클릭했을 때
그리기 시작하기
4 번 반복하기
　방향을 90° 만큼 회전하기
　이동 방향으로 100 만큼 움직이기
　방향을 90° 만큼 회전하기

Chapter 1 평면도형 그리기

정리	복습 및 다음 차시 예고	▪ 배운 내용 복습 및 다음 차시 예고 · 오늘 무엇을 공부했나요? 　- 엔트리로 정사각형을 그렸습니다. · 오늘 공부하면서 들었던 생각이나 느낌을 이야기해봅시다. 　- 블록을 순서에 맞게 잘 조립하면 엔트리봇이 내가 생각한 그림을 그려줍니다. 　- 반복하기를 사용하면 편리합니다. 　- 정사각형을 그리는 방법이 여러 가지 있다는 것을 알게 되었습니다. · 엔트리로 또 어떤 도형을 그릴 수 있을까요? 다음시간에 그려보도록 합시다.	

CHAPTER 2
정다각형 그리기

학습 내용!

- 엔트리 - 반복 - 반복하기, 연산 식 입력
- 수학 - 정다각형(4-2-6다각형) 삼각형의 세 각의 크기의 합, 사각형의 네 각의 크기의 합 (4-1-2각도)

1. 정5각형

 정오각형을 그리는 코딩을 해 봅시다.

학생에게 발문 & 권고

▶ 정오각형의 한 각의 크기는 몇 도입니까?

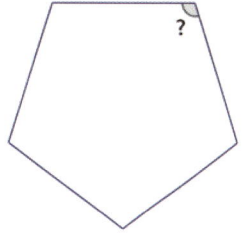

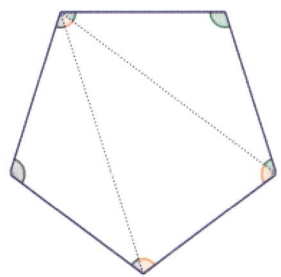

정오각형은 3개의 삼각형으로 나누어집니다.
삼각형의 모든 각의 크기의 합은 180도이므로 정오각형의 모든 각의 크기의 합은 180×3=540도입니다.

정오각형의 각의 개수는 5개이고 각의 크기는 모두 같기 때문에 정오각형의 한 각의 크기는 540÷5=108도입니다.

Chapter 2 정다각형 그리기 **31**

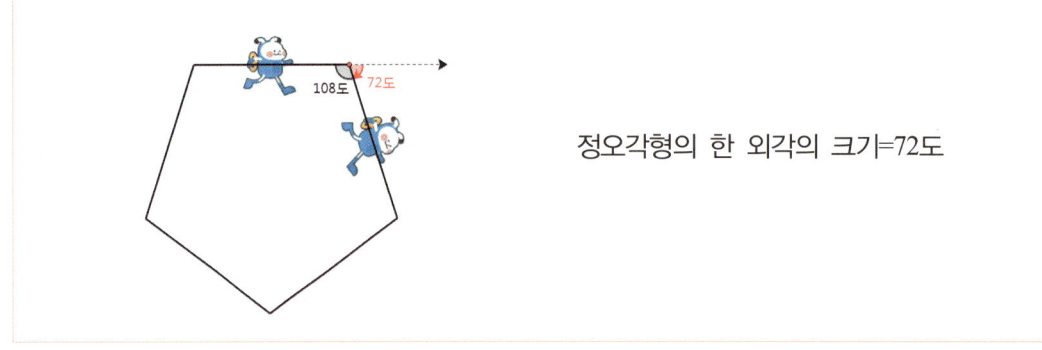

정오각형의 한 외각의 크기=72도

| 학생에게 발문 & 권고 |

- 정사각형 작도 코드를 응용하여 정오각형을 그려봅시다.
- 수정할 곳을 찾아 알맞은 숫자를 넣어 보세요.

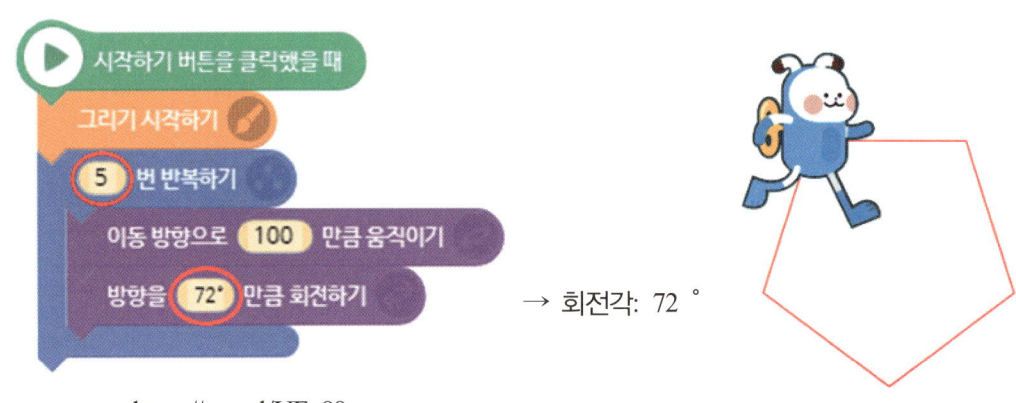

→ 회전각: 72°

https://goo.gl/UEx88m

2. 정6각형

 정육각형을 그리는 코딩을 해 봅시다.

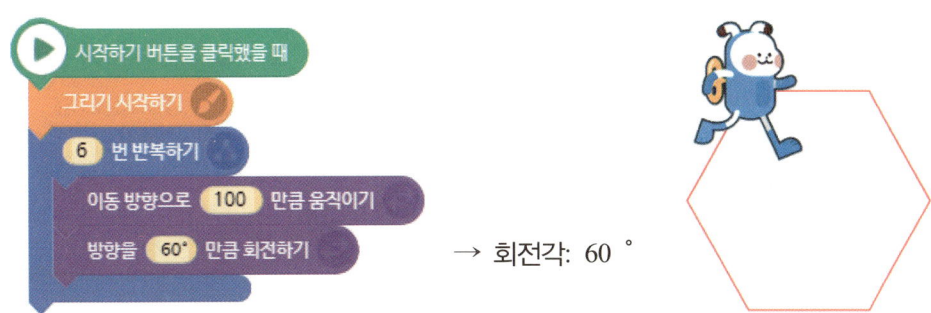

학생에게 발문 & 권고

▶ 정삼각형, 정사각형, 정오각형, 정육각형 코딩을 잘 관찰하면서 규칙을 찾아봅시다.

▶ 🔴 × 🔵 = 360 인 사실을 발견하였습니까?

Chapter 2 정다각형 그리기

3. 정20각형

 정이십각형을 그리는 코딩을 해 봅시다.

학생에게 발문 & 권고

- 정다각형을 작도하는 코딩의 규칙을 이야기해봅시다.
  반복횟수와 회전각을 곱하면 360이 나옵니다.
- 정이십각형을 그리기 위해서 반복횟수와 회전각을 어떻게 바꾸어야 합니까?

https://goo.gl/8RQxqv

정다각형의 크기와 한 변의 길이!

변의 길이(이동거리)를 그대로 둔 상태에서 변의 개수가 늘어나면 도형의 크기가 커져서 화면 밖으로 나가게 됩니다. 변의 개수가 많아질 때 한 변의 길이를 적절하게 줄여줄 필요가 있습니다.

4. 정7각형

 정칠각형을 그리는 코딩을 해 봅시다.

학생에게 발문 & 권고

▶ 정칠각형을 작도하기 위해 빈칸에 넣을 수는 무엇입니까?

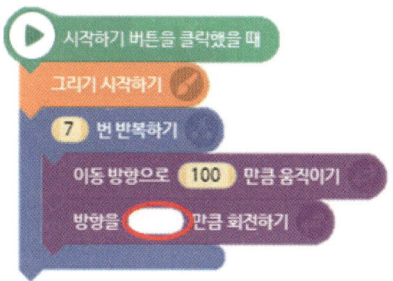

▶ 360 이 7 로 나누어떨어지지 않습니다. 어떻게 하면 좋을까요?

숫자를 쓸 수 없으므로 숫자 대신 나눗셈 식을 입력하면 됩니다.

① [계산] 의 (10) / (10) 을 블록조립소로 끌어옵니다.

② 수를 입력합니다. (360) / (7)

③ (360) / (7) 을 회전각이 들어갈 위치에 끌어다 넣습니다.

Chapter 2 정다각형 그리기

https://goo.gl/Z7dFgW

5. 정36각형

 정삼십육각형을 그리는 코딩을 해 봅시다.

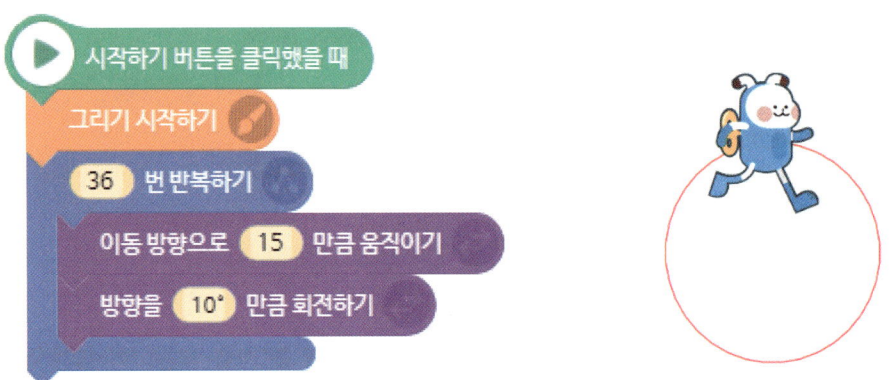

https://goo.gl/wrvZHq

학생에게 발문 & 권고

▶ 완성된 정삼십육각형은 어떤 모양과 비슷합니까? **원 모양과 비슷합니다.**

정다각형 작도와 외각

다각형의 외각

다각형의 안쪽 각을 내각이라고 합니다. 변을 연장하여 바깥쪽에 생기는 각을 외각이라고 합니다.

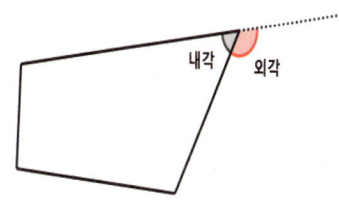

내각의 크기 + 외각의 크기=180도

정다각형의 한 (내)각의 크기

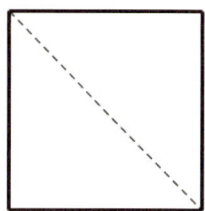 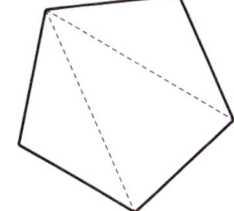 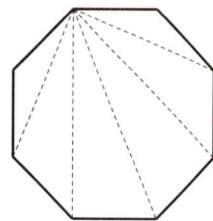

① 사각형은 2개의 삼각형으로, 오각형은 3개의 삼각형으로, 팔각형은 6개의 삼각형으로 나누어집니다. n각형은 $(n-2)$개의 삼각형으로 나누어집니다.

② 삼각형의 내각의 합은 180도이므로 n각형의 내각의 합은 $180 \times (n-2)$도입니다.

③ 정다각형은 각의 크기가 모두 같기 때문에 정n각형의 한 내각의 크기는 $\dfrac{180 \times (n-2)}{n}$도입니다.

정다각형의 한 외각의 크기

모든 다각형의 외각의 합은 360도입니다.

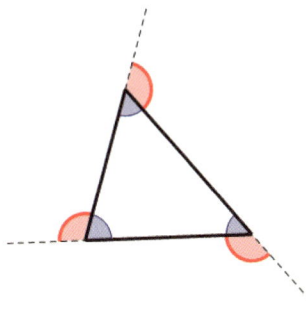 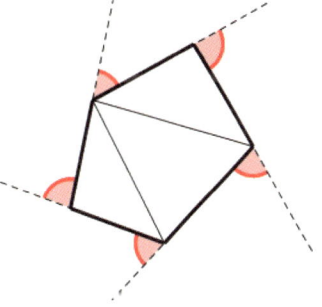

정n각형의 한 외각의 크기는 $(360 \div n)$도입니다.
정다각형 작도 코딩 시 회전각은 한 외각의 크기입니다.

| 교과서 들여다보기 | 수학 4-2 6단원 다각형 |

변의 길이가 모두 같고 각의 크기가 모두 같은 다각형을 정다각형이라고 합니다.

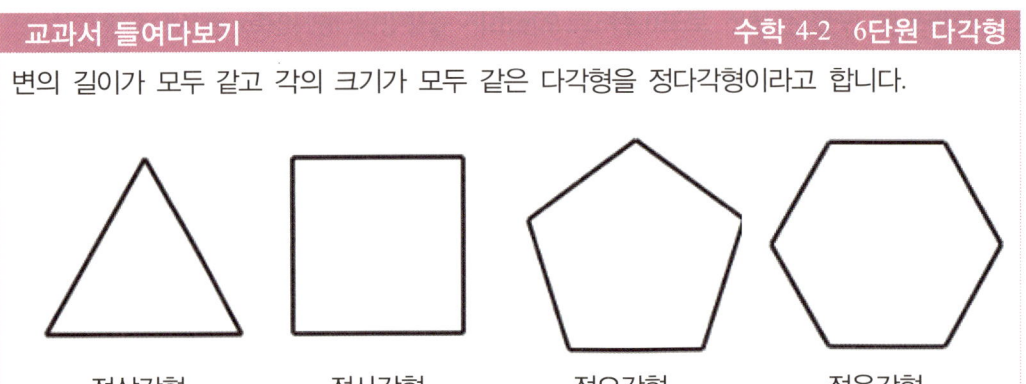

| 교과서 들여다보기 | 수학 4-1 2단원 각도 |

삼각형의 세 각의 크기의 합

삼각형의 세 각의 크기의 합은 180°입니다.

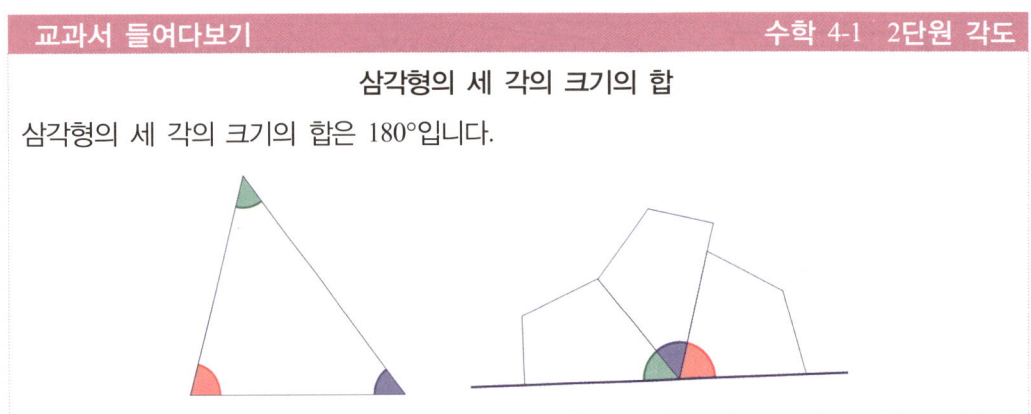

 **교수-학습 방법**

- 학생들이 규칙성과 공통점을 탐구하여 정n각형 작도 시

$$\text{반복 수 : n}, \quad \text{회전각} : \frac{360}{n}$$

이 되는 규칙을 스스로 찾아내도록 합니다. 교사가 미리 설명해주지 않도록 유의 합니다.

- 원의 넓이를 구할 때 원을 정n각형으로 취급하게 됩니다.(6-1. 원의 넓이)

아래와 같이 엔트리를 이용하여 수업 자료를 만들면 원의 넓이에 대한 학생들의 이해를 도울 수 있습니다.

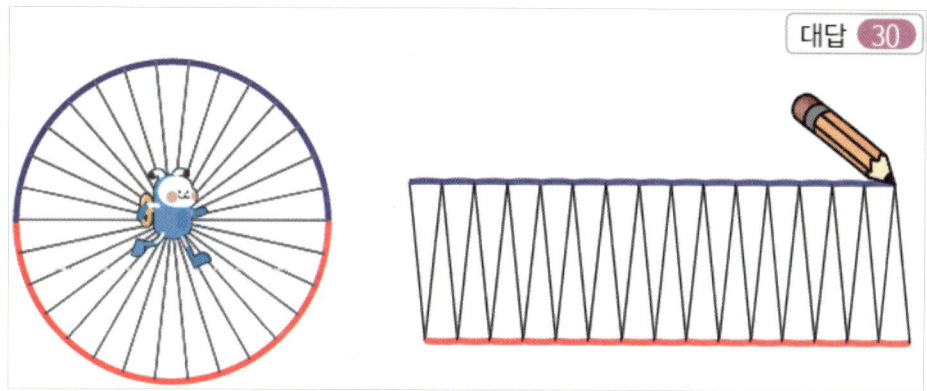

http://naver.me/FQmUCjos

CHAPTER 3 변수 만들기

> **학습 내용!**
> - 엔트리 - 순차, 변수 만들기
> - 수학 - 변수 개념

변수란?

변수란 '변하는 수'라는 의미입니다.
컴퓨터 프로그램에서 변수는 어떤 값을 저장해 두는 가상의 공간을 의미합니다. 엔트리에서도 수, 낱말 등 그 때 그 때 변하는 값을 저장할 공간이 필요할 때 변수를 만들어 사용합니다.
대답 도 변수입니다. 우리가 입력창에 (어떤) 수를 입력할 때마다 대답 상자에 그 수가 들어갑니다.

1. 정n각형 그리기

 대답 블록을 이용하여 n을 입력하면 정n각형을 그리는 코딩을 해 봅시다.

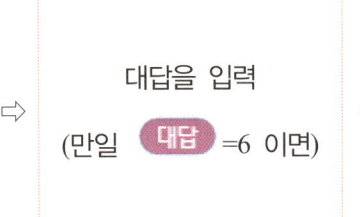

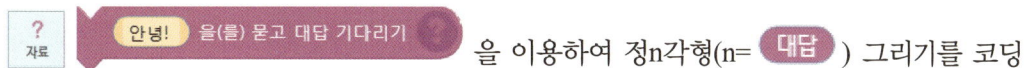 을 이용하여 정n각형(n= 대답) 그리기를 코딩해 봅시다.

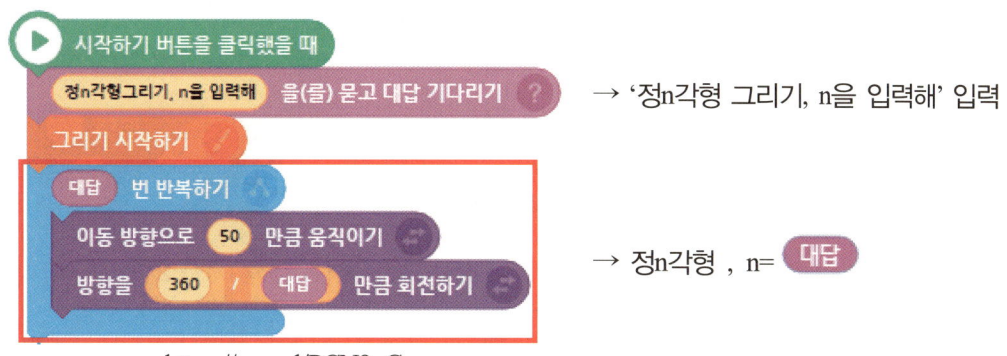

→ '정n각형 그리기, n을 입력해' 입력

→ 정n각형 , n= 대답

https://goo.gl/PCN9gG

블록 Tip

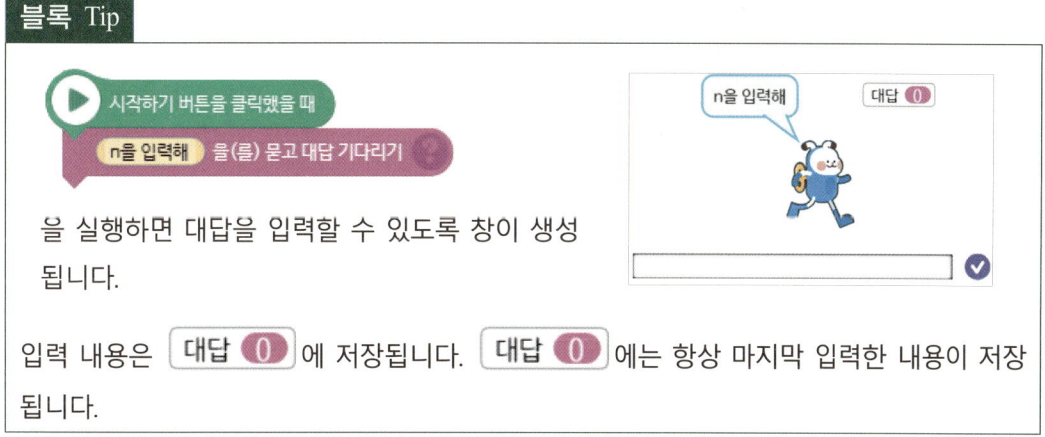

 을 실행하면 대답을 입력할 수 있도록 창이 생성됩니다.

입력 내용은 대답 0 에 저장됩니다. 대답 0 에는 항상 마지막 입력한 내용이 저장됩니다.

Chapter 3 변수 만들기

2. 한 변의 길이가 a인 정n각형 그리기

 대답 블록을 이용하여 한 변의 길이가 a인 정n각형을 그리는 코딩을 해 봅시다.

변수가 두 개(n과 a) 필요합니다. 따라서 `안녕! 을(를) 묻고 대답 기다리기` 와 `대답` 을 두 번 사용해야 합니다. 이런 경우에는 첫 번째 `대답` 과 두 번째 `대답` 을 구별해 주어야 합니다. 만일 구별해 주지 않으면 마지막에 입력한 수만 `대답` 에 저장되기 때문입니다. 이처럼 두 개 이상의 변수가 필요할 때는 변수를 직접 만들어야 합니다.

변수 만들기

① `자료` 의 `변수 만들기` 을 클릭합니다.

② 변수 이름을 입력하고(우리는 변수의 이름을 n이라고 합시다) `확인` 합니다.

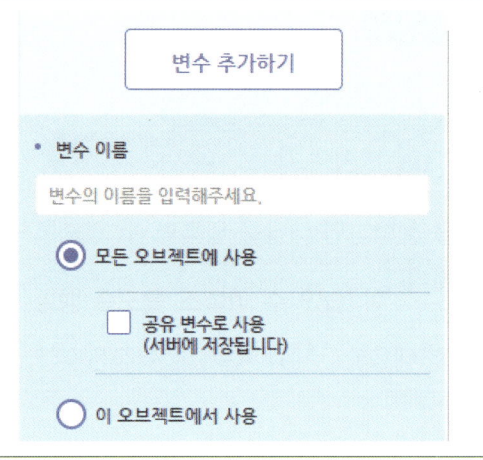

③ `변수 보이기 ☑` 에 체크 표시를 하면 실행화면에 변수의 값이 나타나고, 체크표시를 지우면 나타나지 않습니다.

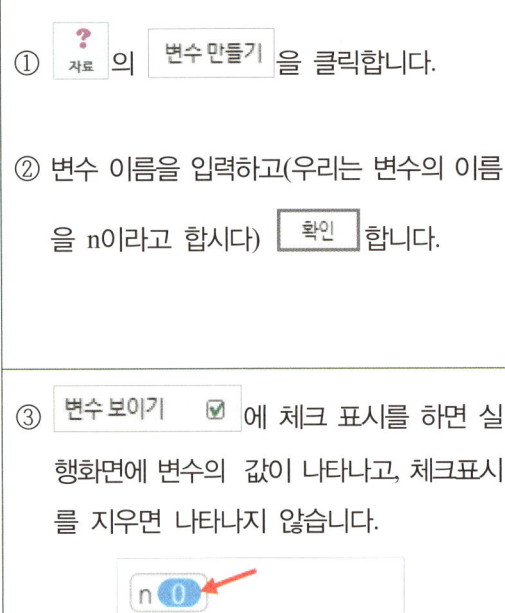

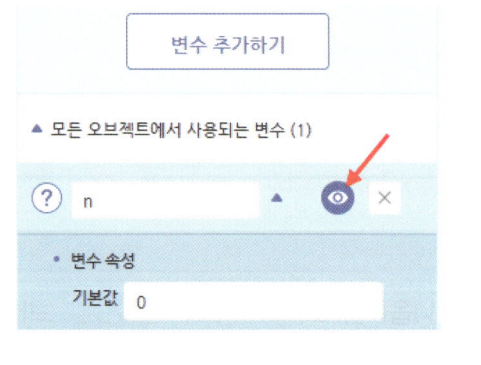

④ 변수를 만들고 난 후 블록의 자료를 클릭하면 새로운 블록들이 만들어진 것을 볼 수 있습니다.

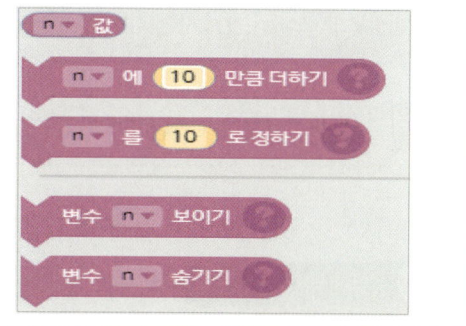

① 먼저 두 개의 변수(n, a)를 만듭니다.

② `n를 10로 정하기` 와 `대답`을 이용하여 두 가지 대답을 구별해 줍니다.

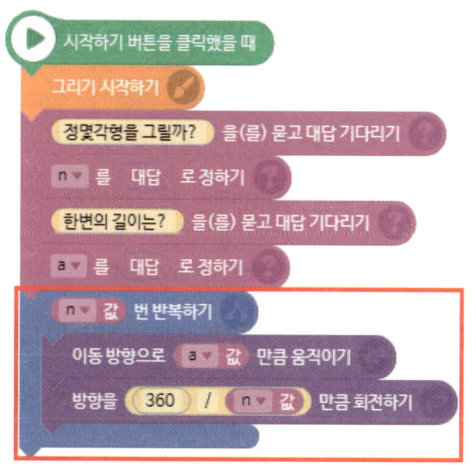

→ 첫 번째 입력창이 나타납니다.
→ 첫 번째 대답을 변수 'n'에 저장
→ 두 번째 입력창이 나타납니다.
→ 두 번째 대답을 변수 'a'에 저장

→ 한 변의 길이가 a인 정n각형

https://goo.gl/gRB13J

블록 Tip

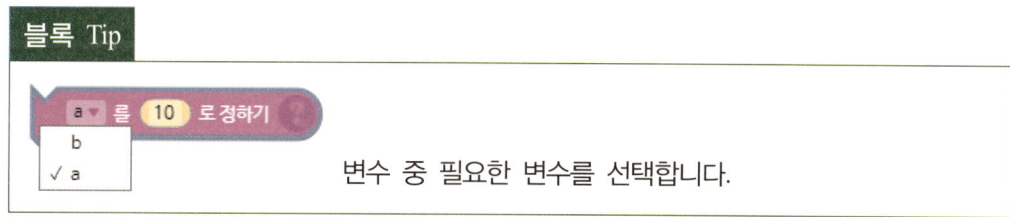

변수 중 필요한 변수를 선택합니다.

Chapter 3 변수 만들기

3. 직사각형(가로, 세로)

 대답 블록을 이용하여 가로와 세로를 입력하면 직사각형을 그리도록 코딩해 봅시다.

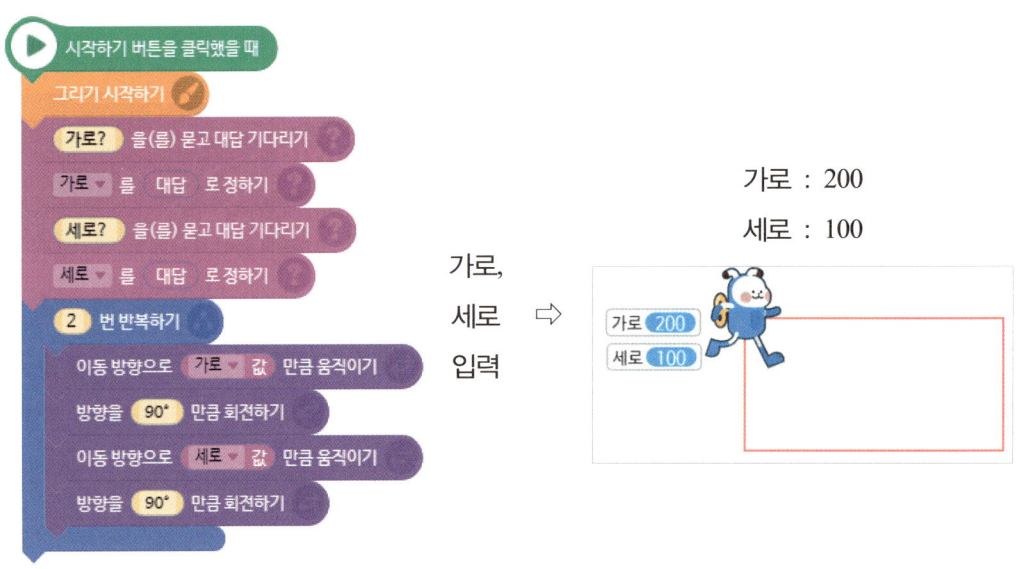

https://goo.gl/fTVy2c

교수-학습 방법

 논의

❖ **변수에 대하여; 변수는 초등학교 교육과정의 범위를 벗어나지 않은가?**

‣ 수학과 교육과정에서 '변수'라는 용어가 처음 등장하는 것은 중학교의 '함수'영역입니다.

‣ 그런데 2015 개정 초등 수학과 교육과정에서도 변수를 살펴볼 수 있습니다.

> [2수01-09] □가 사용된 덧셈식과 뺄셈식을 만들고, □의 값을 구할 수 있다.
> [6수04-01] 한 양이 변할 때 다른 양이 그에 종속하여 변하는 대응 관계를 나타낸 표에서 규칙을 찾아 설명하고, □, △ 등을 사용하여 식으로 나타낼 수 있다.

이 때 사용되는 □, △ 등은 모두 변수입니다.

‣ 코딩 교육을 도입한 2015 실과 교육과정의 코딩 관련 성취기준을 살펴봅시다.

> [6실04-07] 소프트웨어가 적용된 사례를 찾아보고 우리 생활에 미치는 영향을 이해한다.
> [6실04-08] 절차적 사고에 의한 문제 해결의 순서를 생각하고 적용한다.
> [6실04-09] 프로그래밍 도구를 사용하여 기초적인 프로그래밍 과정을 체험한다.
> [6실04-10] 자료를 입력하고 필요한 처리를 수행한 후 결과를 출력하는 단순한 프로그램을 설계한다.
> [6실04-11] 문제를 해결하는 프로그램을 만드는 과정에서 순차, 선택, 반복 등의 구조를 이해한다.

‣ 변수와 관련된 부분의 성취기준 해설을 다음과 같이 하고 있습니다.

[6실04-10] 수치 값을 입력하여 덧셈이나 뺄셈의 결과를 출력하거나, 복수의 문자열을 입력하여 두 문자열을 서로 연결한 결과를 출력하는 프로그램을 만들어 봄으로써, 소프트웨어의 입력, 처리, 출력 과정을 이해한다.

‣ 실과 교과서(교육부 검인정)에서는 변수에 대한 내용을 어떻게 담고 있는지 살펴봅시다.

실과6 (5~6학년군)	코딩 내용	변수 이름	변수 설명
G1	두 수의 덧셈 계산 두 개의 낱말 연결	값1, 값2 이름, 색깔	변수란, 컴퓨터 프로그램에서 어떤 값을 저장해 두는 가상의 공간입니다.
G2	두 수 더하기	첫 번째 수, 두 번째 수	변수를 만들면 정보를 저장하여 사용할 수 있습니다.
D	저금통	우리 반 목표, 행복 저금통	값이 정해져 있지 않고 상황에 따라 변하는 수로, 변하는 값을 저장하는 공간.
M	나이 계산	올해 연도 태어난 연도	컴퓨터 프로그램에서 필요한 데이터를 저장하는 공간으로 변수에 새로운 데이터를 저장하면 기존 데이터는 사라짐.
C	좋아하는 과일	이름, 과일	프로그램이 실행되는 동안 필요한 자료를 저장해 놓는 기억 장소입니다.

 결론

코딩 교육에 있어서 변수는 필수불가결한 요소입니다.

이미 실과 교과에서 변수를 다루고 있으며, 수학과는 도구 교과로서의 역할도 충실히 해야 합니다.

또한 초등학교 수학과 교육과정에서 '변수'라는 용어를 취급하지는 않지만 사실상 변수를 다루고 있습니다.

따라서 시대의 변화와 요구에 부응하여 현재 중학교 수학과 교육과정에서 도입하고 있는 '변수'를 초등학교 수학과 교육과정으로 이동시키는 것이 바람직해 보입니다.

CHAPTER 4 좌표를 이용하여 도형 그리기

학습 내용!

- 엔트리 – 좌표 블록
- 수학 - 평면좌표

좌표

실행화면 오른쪽 위의 ⊞을 클릭하면 좌표평면이 나타납니다.

실행화면은 x축: -240~240, y축: -135~135의 평면으로 되어 있습니다.
현재 오브젝트(엔트리봇)의 위치는 아래의 X, Y좌표를 통해 확인할 수 있습니다. 오브젝트의 좌표는 오브젝트의 중심점의 위치에 따라 달라집니다. 중심점은 드래그 하여 옮길 수 있습니다. 속도 조절 옆에 있는 X, Y 좌표는 마우스의 위치를 나타냅니다.

좌표평면이란 x축과 y축, 2개의 축으로 이루어진 평면을 말합니다.

좌표평면 위의 각 점은 두 수의 순서쌍(좌표)으로 나타낼 수 있습니다.

좌표평면에서 기준이 되는 점 즉, x축과 y축이 만나는 점을 원점(0, 0)이라고 합니다.

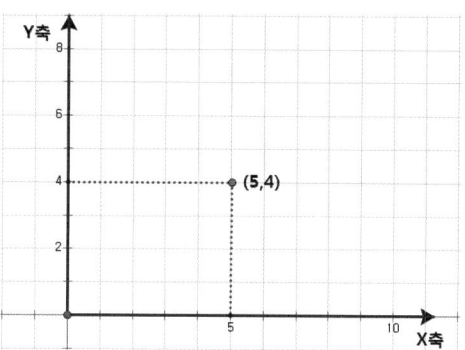

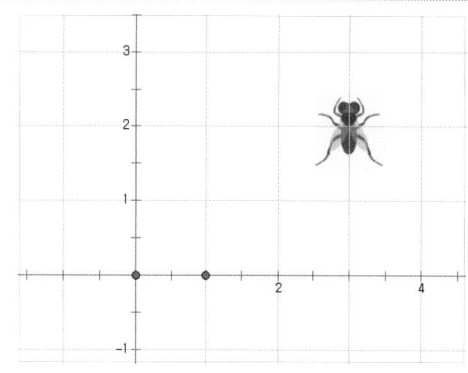

천장에 붙어 있는 파리를 보고 좌표평면을 만들어낸 데카르트의 이야기는 유명합니다.

16세기 말 프랑스에서 태어난 데카르트는 어릴 때부터 몸이 허약해서 침대에 누워 있는 시간이 많았다고 해요. 어느 날 침대에 누워 있다가 천장에 파리 한 마리가 날아든 걸 보게 되었어요. 천장에 돌아다니는 파리를 유심히 바라보다가

'파리의 위치를 어떻게 정확하게 표현할 수 있을까?'

고민하게 되었죠. 그러던 중 천장에 바둑판 모양의 그림을 그리면 파리의 위치를 표현할 수 있겠다고 생각했답니다. 그는 천장을 가로축과 세로축으로 나눈 후 파리의 위치를 순서쌍을 이용하여 나타내면 되겠다고 생각했고, 이 아이디어로부터 좌표가 탄생했습니다.

1. 좌표로 이동하기 블록을 사용하여 정사각형 그리기

 (x:0 y:0 위치로 이동하기) 블록을 사용하여 정사각형을 그리는 코딩을 해 봅시다.

학생에게 발문 & 권고

▶ 정사각형의 꼭짓점의 좌표를 구해봅시다.

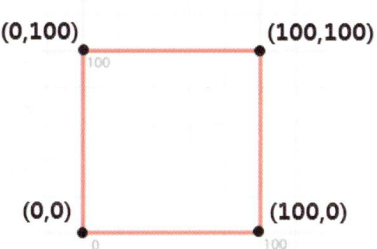

▶ 엔트리봇을 움직여 그림을 그리는 과정을 좌표로 나타내 봅시다.

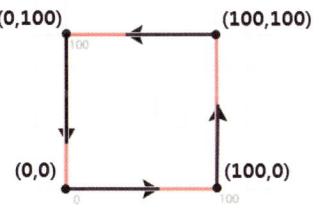

시작점(0,0) ⇨(100,0) ⇨(100,100) ⇨(0,100) ⇨(0,0)

▶ 엔트리봇의 위치를 시작점으로 이동하세요.

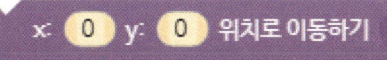

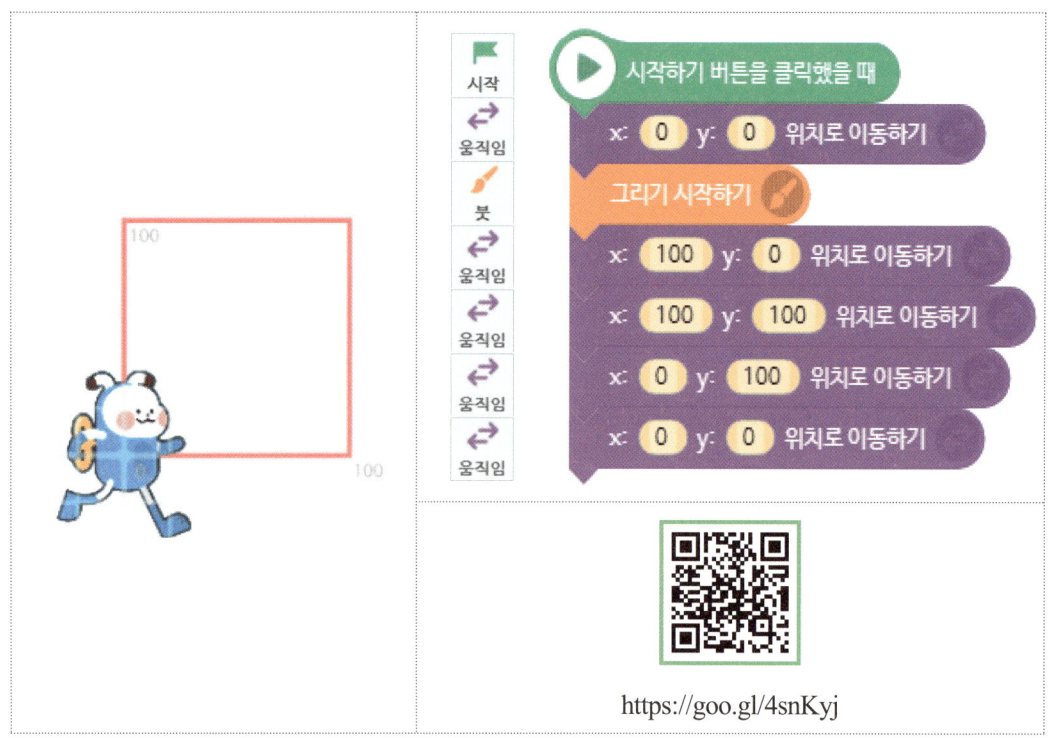

https://goo.gl/4snKyj

중간 중간에 ![0.2 초 기다리기] 을 끼워 넣으면 엔트리봇이 움직이면서 그림을 그리는 과정을 볼 수 있습니다.

또는 ![x: 0 y: 0 위치로 이동하기] 대신 ![2 초 동안 x: 10 y: 10 위치로 이동하기] 을 이용하면 천천히 이동하게 할 수 있습니다.

http://naver.me/FkA3r4Rm

> **학생에게 발문 & 권고**
>
> - 움직이는 순서를 바꾸어 보세요.
>
>   (0,0) ⇨ (0,100) ⇨ (100,100) ⇨ (100,0) ⇨ (0,0)
>
>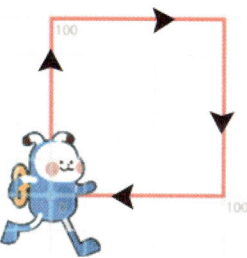
>
> - 크기가 다른 정사각형을 만들어 봅시다.
> - 시작점이 (100,0)이고, 한 변의 길이가 100인 정사각형을 그리는 코딩해 봅시다.
> - 대답 블록을 이용하여 시작점의 좌표와 한 변의 길이를 정하고, 정사각형을 그리는 코딩을 해 봅시다.

2. 좌표 바꾸기 블록을 사용하여 정사각형 그리기

 (x좌표를 10만큼 바꾸기, y좌표를 10만큼 바꾸기) 블록을 사용하여 정사각형을 그리는 코딩을 해 봅시다.

학생에게 발문 & 권고

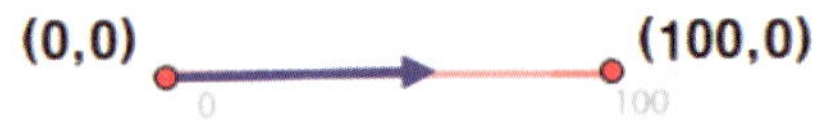

▶ (0,0) → (100,0)

선분을 그리기 위해 좌표가 변하였습니다.
이 때 변한 것은 무엇입니까? (0,0) ⇨ (100,0)
x좌표

얼마만큼 변했습니까? 100

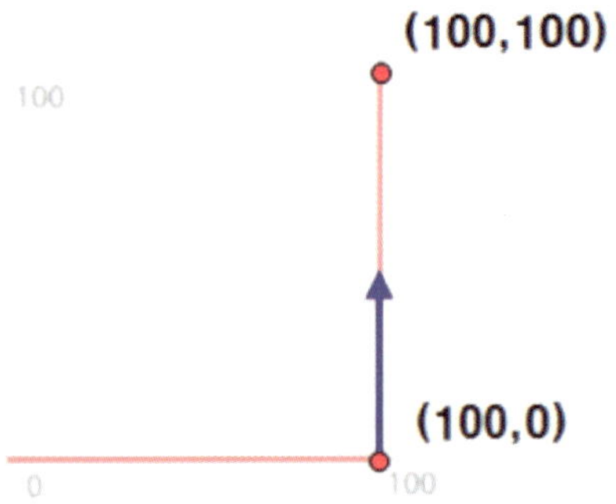

▶ (100,100) ↑ (100,0)

이 때 변한 것은 무엇입니까?
(100,0) ⇨ (100,100)
y좌표

얼마만큼 변했습니까? 100

▶ (0,100) ← (100,100)

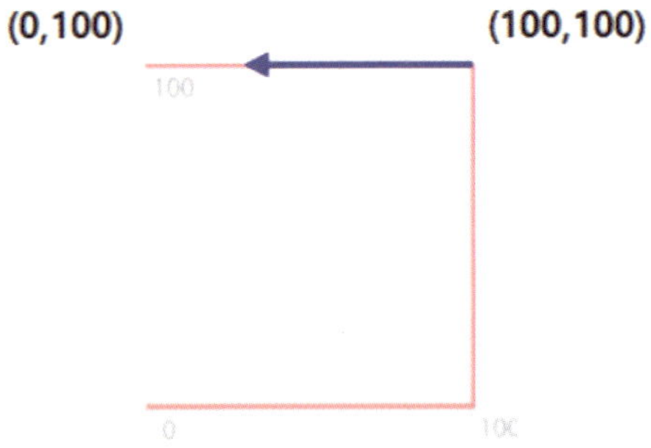

이 때 변한 것은 무엇입니까?
(100,100) ⇨ (0,100)
x좌표

얼마만큼 변했습니까? -100

▸ x좌표, y좌표를 바꾸는 블록을 찾아보세요.

`x 좌표를 10 만큼 바꾸기`   `y 좌표를 10 만큼 바꾸기`

블록 Tip

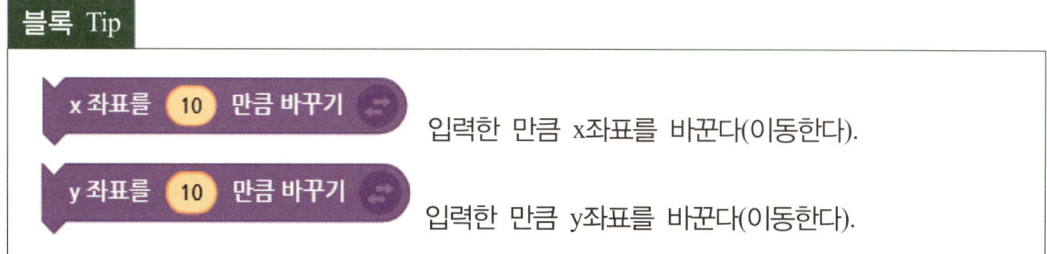

3. 좌표를 이용하여 직각삼각형 그리기

 좌표 블록들을 이용하여 직각삼각형을 그리는 코딩을 해 봅시다.

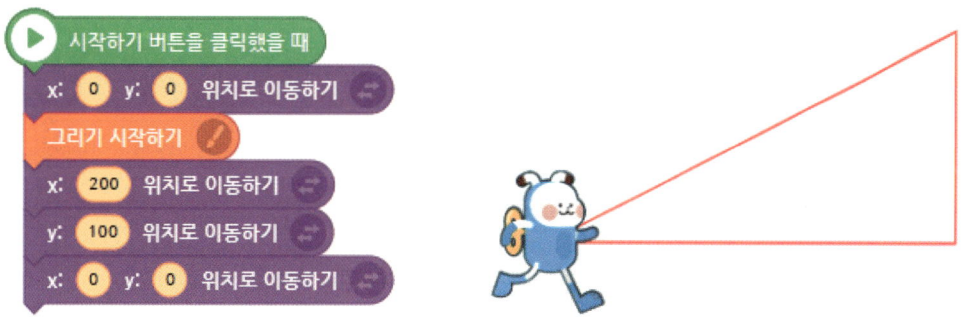

http://naver.me/xzVm6D9E

좌표를 이용하면 빗변의 길이를 모르더라도 직각삼각형을 작도할 수 있습니다.

교수-학습 방법

 논의

❖ 좌표에 대하여; 좌표는 초등학교 교육과정 범위를 벗어나는데 초등학생에게 가르쳐야 할까? 가르쳐도 될까? 가르칠 수 있을까?

‣ 좌표는 중학교 수학과 교육과정의 '함수'영역에서 순서쌍, x좌표, y좌표, 원점, 좌표축 등과 함께 다루게 됩니다.

‣ 한편 코딩 교육을 포함하고 있는 실과 교과서를 살펴보면 교육부 검인정 6종류 중 3개의 교과서에서 다음과 같이 좌표를 취급하고 있습니다.

내용	출판사
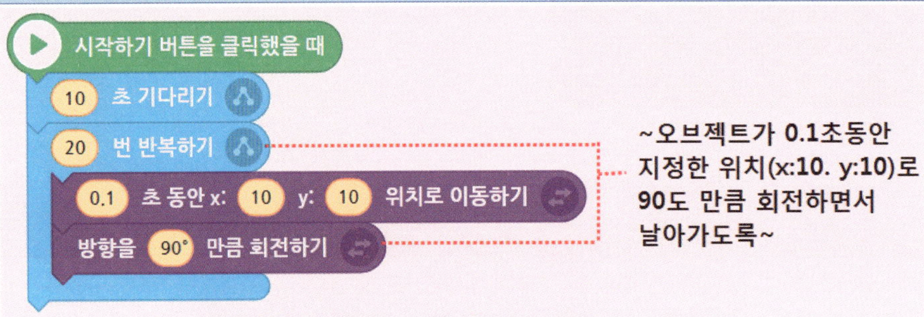 시작하기 버튼을 클릭했을 때 / 10 초 기다리기 / 20 번 반복하기 / 0.1 초 동안 x: 10 y: 10 위치로 이동하기 / 방향을 90° 만큼 회전하기 ~오브젝트가 0.1초동안 지정한 위치(x:10. y:10)로 90도 만큼 회전하면서 날아가도록~	M
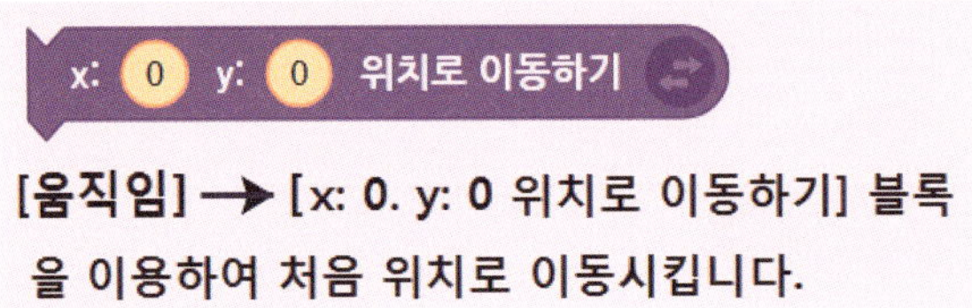 x: 0 y: 0 위치로 이동하기 [움직임] → [x: 0. y: 0 위치로 이동하기] 블록을 이용하여 처음 위치로 이동시킵니다.	B
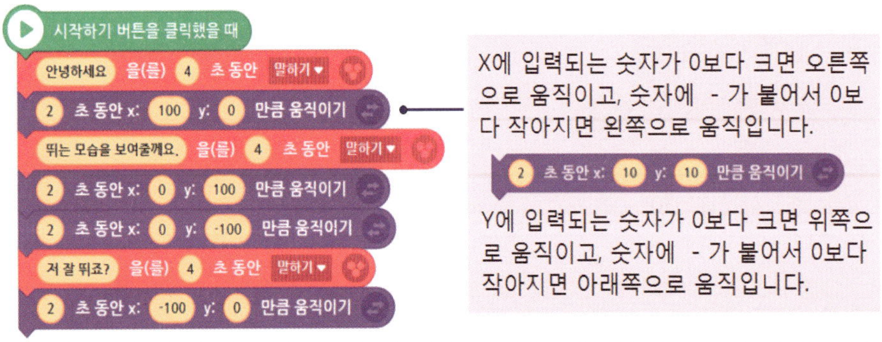 시작하기 버튼을 클릭했을 때 / 안녕하세요 을(를) 4 초동안 말하기 / 2 초 동안 x: 100 y: 0 만큼 움직이기 / 뛰는 모습을 보여줄께요. 을(를) 4 초동안 말하기 / 2 초 동안 x: 0 y: 100 만큼 움직이기 / 2 초 동안 x: 0 y: -100 만큼 움직이기 / 저 잘 뛰죠? 을(를) 4 초동안 말하기 / 2 초 동안 x: -100 y: 0 만큼 움직이기. X에 입력되는 숫자가 0보다 크면 오른쪽으로 움직이고, 숫자에 -가 붙어서 0보다 작아지면 왼쪽으로 움직입니다. 2 초 동안 x: 10 y: 10 만큼 움직이기. Y에 입력되는 숫자가 0보다 크면 위쪽으로 움직이고, 숫자에 -가 붙어서 0보다 작아지면 아래쪽으로 움직입니다.	C

▸스크래치와 엔트리의 실행화면은 좌표평면으로 구성되어 있습니다.

스크래치(-240<x<240, -180<y<180)	엔트리(-240<x<240, -135<y<135)

 결론

실행 화면이 좌표평면으로 되어있는 블록기반 프로그래밍 도구에서 좌표를 배제한다면 코딩에 접목할 생활 속의 문제가 매우 제한적일 수밖에 없습니다. 또한 실과 교과서에서 이미 좌표를 이용한 코딩 내용을 취급하고 있습니다. 도구 교과로서의 수학의 역할뿐만 아니라 수학과에서도 4차 산업혁명 시대에 적합한 교육과정의 내용과 체계의 변화를 추진해야 합니다. 현재 중학교에서 도입하고 있는 '좌표'를 초등 교육과정으로 이동할 필요가 있습니다.

CHAPTER 5
여러 가지 그림 그리기

학습 내용!

- 엔트리 - 반복, 좌표, 변수에 ( )만큼 더하기, 붓의 색을 무작위로 정하기, 오브젝트 추가하기, 오브젝트의 중심 이동, 그리기 멈추기, 좌표 위치로 이동하기, 좌표를 바꾸기
- 수학 - 정다각형, 각, 문제해결, 평면 좌표

실행 블록

오브젝트 추가하기

오브젝트 추가하기 ➕ 를 클릭하여 오브젝트를 추가할 수 있습니다.

오브젝트의 중심 이동

연필 오브젝트는 중심을 연필의 끝으로 옮겨서 연필의 심이 그림을 그리도록 합니다.

 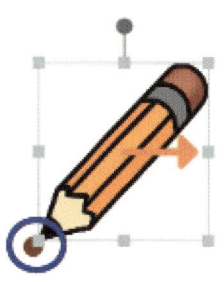

1. 계단 모양

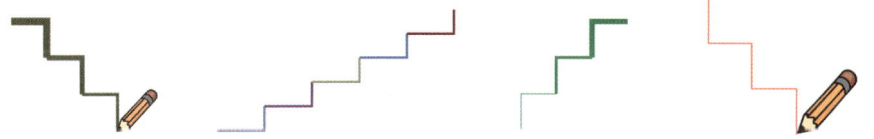

학생에게 발문 & 권고

▶ 그림을 보고 규칙을 찾아보세요. 어떤 그림이 반복됩니까?

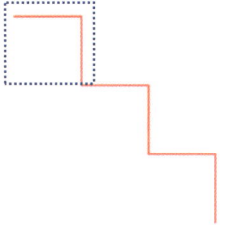

▶ 오브젝트(연필)가 반복된 도형을 그리는 방법을 이야기해 보세요.

▶ 엔트리봇의 움직임을   을 이용하여 나타내 보세요.

Chapter 5 여러 가지 그림 그리기

https://goo.gl/i3dxs5

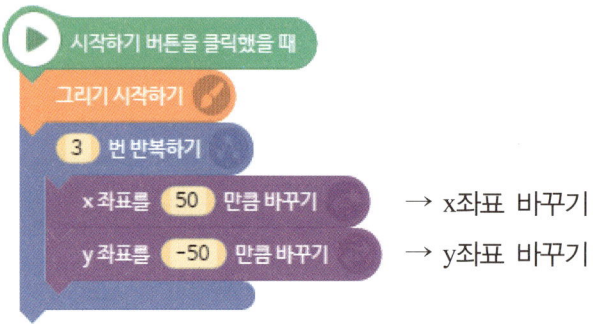

https://goo.gl/nquSNN

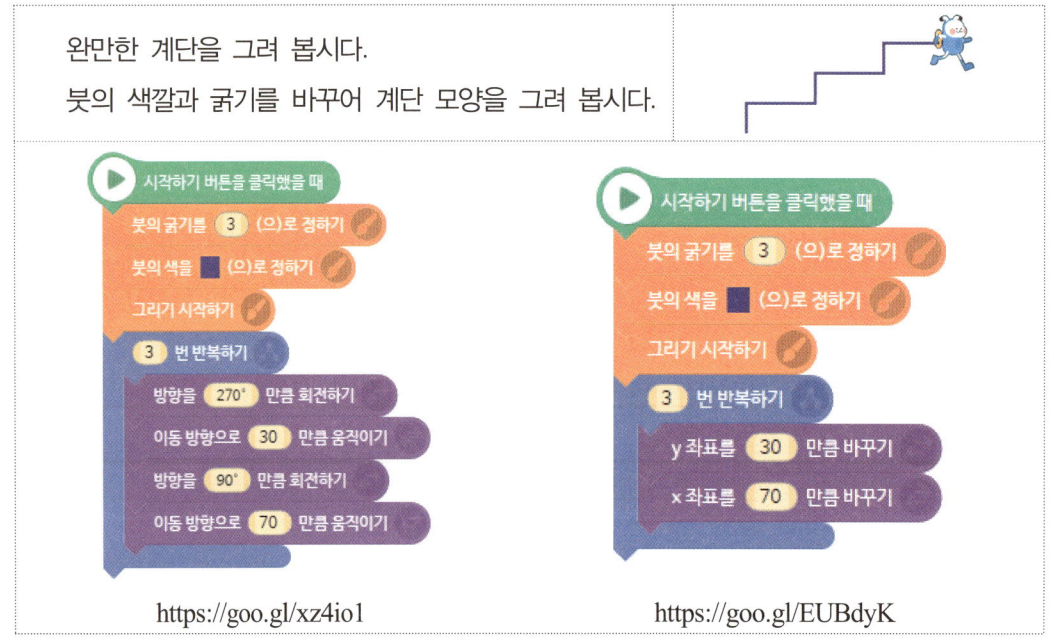

https://goo.gl/xz4io1   https://goo.gl/EUBdyK

2. 별 모양

 별 모양을 여러 가지 방법으로 그려 봅시다.

 방법1

https://goo.gl/PyQ43k

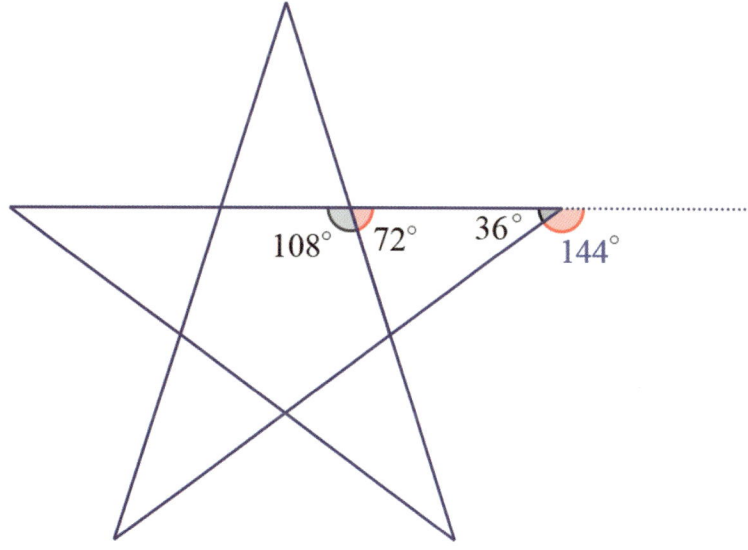

 **방법2**

시작점이나 반복부분을 다르게 생각해 봅시다.

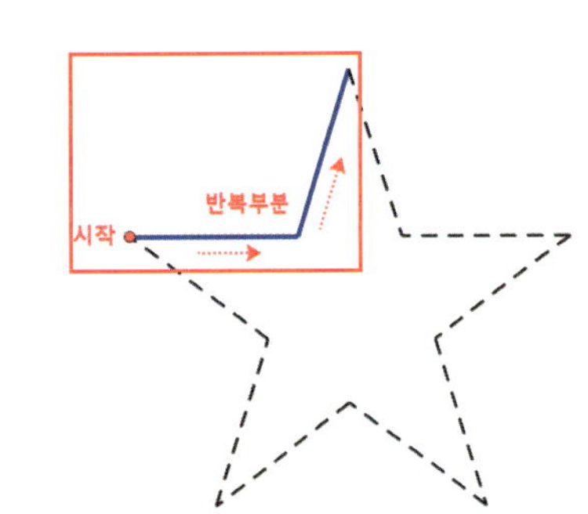

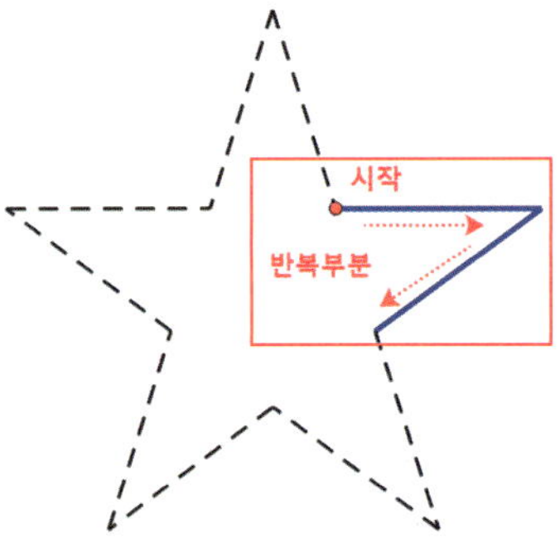

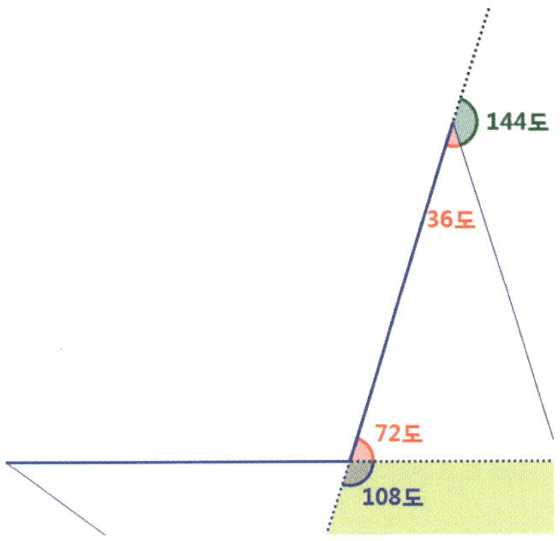

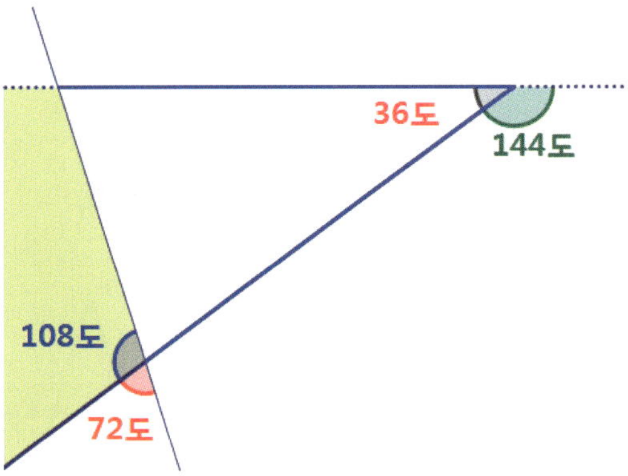

https://goo.gl/sNiGpd

https://goo.gl/Qmss1Y

3. 바람개비 모양

(1)

학생에게 발문 & 권고

- 바람개비 날개는 어떤 도형으로 이루어져 있나요? **정사각형**
- 시작점을 어느 곳으로 하는 것이 좋을까요?
- 두 번째 정사각형은 얼마만큼 회전한 후 그려야 합니까? 120°
  첫 번째 정사각형을 그리고 난 후 처음 위치로 돌아가기 때문에 90°를 회전하고, 간격인 30° 만큼 더 회전해야 하기 때문입니다.
- 정사각형 그리기를 몇 번 반복해야 합니까? 3번

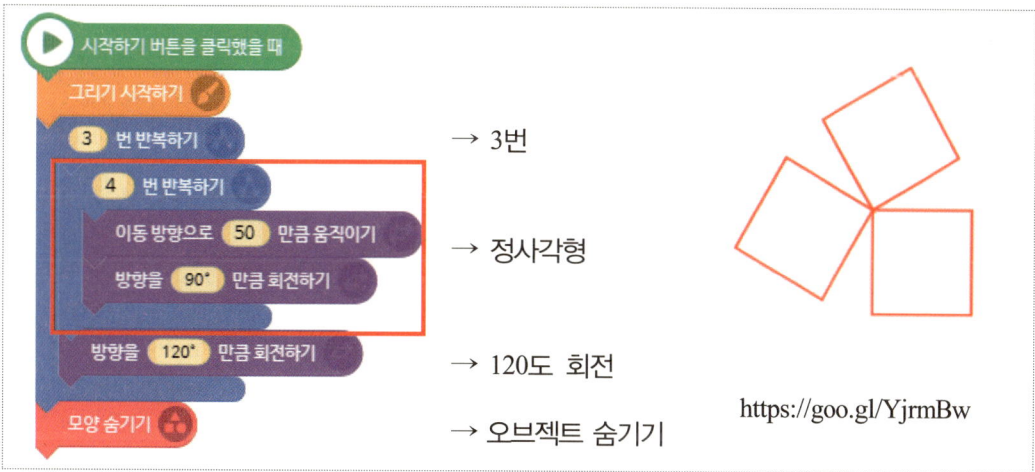

https://goo.gl/YjrmBw

(2)

학생에게 발문 & 권고

- 바람개비 날개는 어떤 도형으로 이루어져 있나요? **정삼각형**
- 첫 번째 정삼각형 바람개비를 그린 후 얼마나 회전해할까요?

  날개를 모두 몇 개로 할 지 정해야 합니다. 날개가 n개라면 회전각도는 360/n 이 됩니다.

  왜냐하면 결국 n번 회전하여 제자리로(즉, 360도 회전) 돌아오기 때문입니다.
- 바람개비를 붓의 굵기와 색깔을 다양하게 하여 예쁘게 꾸며 봅시다.

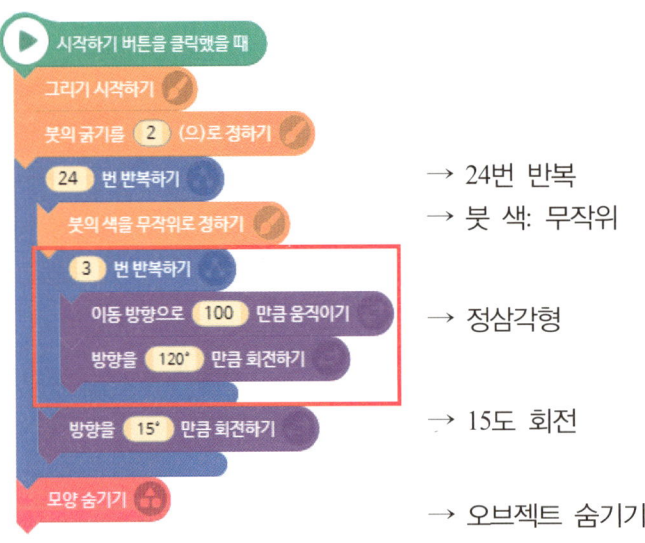

→ 24번 반복
→ 붓 색: 무작위

→ 정삼각형

→ 15도 회전

→ 오브젝트 숨기기

https://goo.gl/tVCv1t

4. 평행이동

→ 시작 위치로 이동

→ 정삼각형

→ 100만큼 이동

https://goo.gl/ZPh5j3

→ 정사각형(한 변: 50)

→ y좌표 40 바꾸기

→ 정사각형(한 변: 40)

→ y좌표 30 바꾸기

→ 정사각형(한 변: 30)

→ 오브젝트 숨기기

https://goo.gl/vFmJD8

연 습 문 제

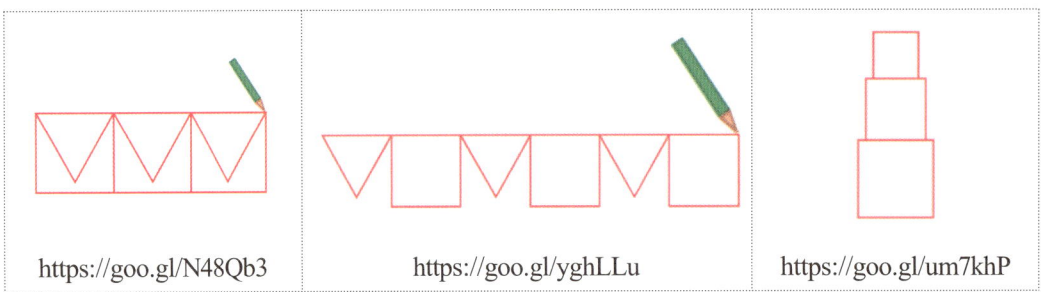

| https://goo.gl/N48Qb3 | https://goo.gl/yghLLu | https://goo.gl/um7khP |

5. 정사각형 행진

 분석하기

❶ 정사각형의 크기가 점점 커진다(또는 작아진다).

❷ 변수가 필요하다. (n: 한 변의 길이)

❸ n은 ○부터 시작하여 △씩 커진다(또는 작아진다)..

❹ 5개의 정사각형을 그려야한다.

❺ 5개를 일일이 작도하려면 블록의 개수가 너무 많다. 좋은 방법이 없을까?

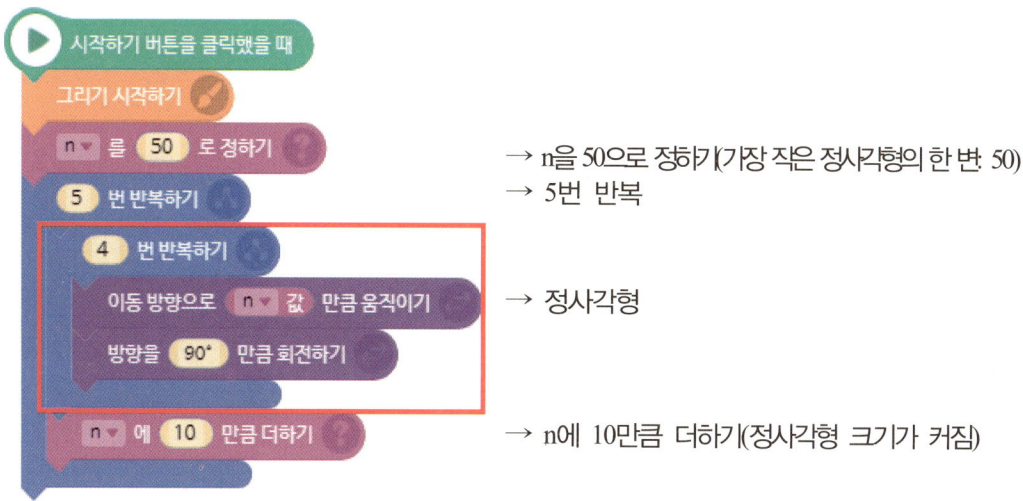

→ n을 50으로 정하기(가장 작은 정사각형의 한 변: 50)
→ 5번 반복

→ 정사각형

→ n에 10만큼 더하기(정사각형 크기가 커짐)

https://goo.gl/YK6k1G

6. 소용돌이 모양

 분석하기

❶ 정사각형이 일정한 각만큼 회전하면서 크기가 점점 커진다(또는 작아진다).

❷ 변수가 필요하다. (n: 한 변의 길이)

❸ n은 ○부터 시작하여 △씩 커진다(또는 작아진다).

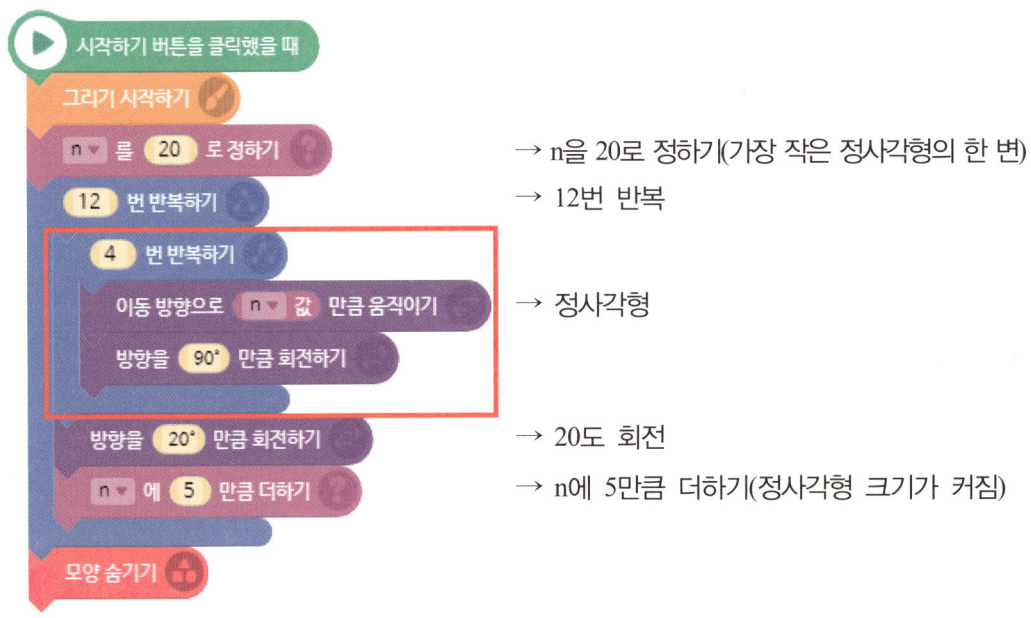

→ n을 20로 정하기(가장 작은 정사각형의 한 변)
→ 12번 반복
→ 정사각형
→ 20도 회전
→ n에 5만큼 더하기(정사각형 크기가 커짐)

https://goo.gl/aCmQZ2

7. 정다각형 행진

 **분석하기**

❶ 정삼각형→정사각형→정오각형→ ··· →정십이각형(또는 정십이각형→···→정삼각형)

❷ 모든 정다각형의 한 변의 길이는 모두 같다.

❸ 변수가 필요하다. (n: 정n각형)

❹ n은 3부터 시작하여 1씩 커진다(또는 12부터 시작하여 1씩 작아진다).

❺ 10개의 정다각형을 그려야 한다.

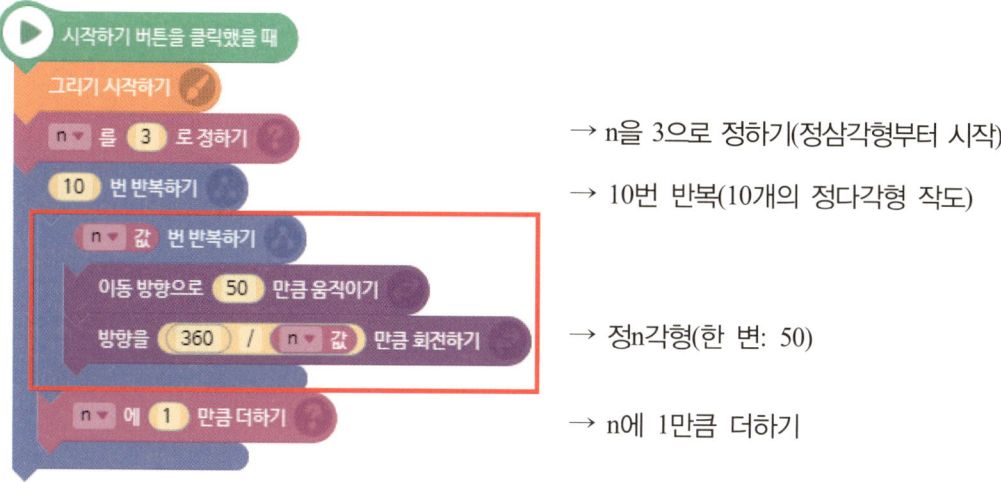

→ n을 3으로 정하기(정삼각형부터 시작)

→ 10번 반복(10개의 정다각형 작도)

→ 정n각형(한 변: 50)

→ n에 1만큼 더하기

https://goo.gl/bMhLG4

다른 방법1

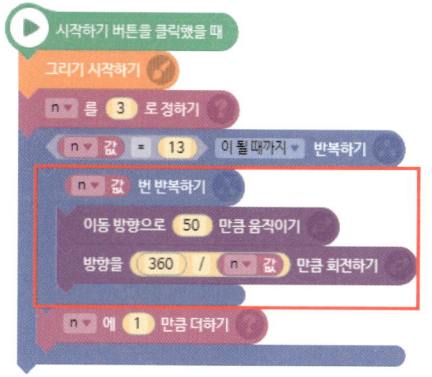

을 이용

→ n을 3으로 정하기(정삼각형부터 시작)

→ n이 13이 될 때까지 ┈┈▶ 🔍TIP 에 설명

→ 정n각형(한 변: 50)

→ n에 1만큼 더하기

https://goo.gl/UZiMeY

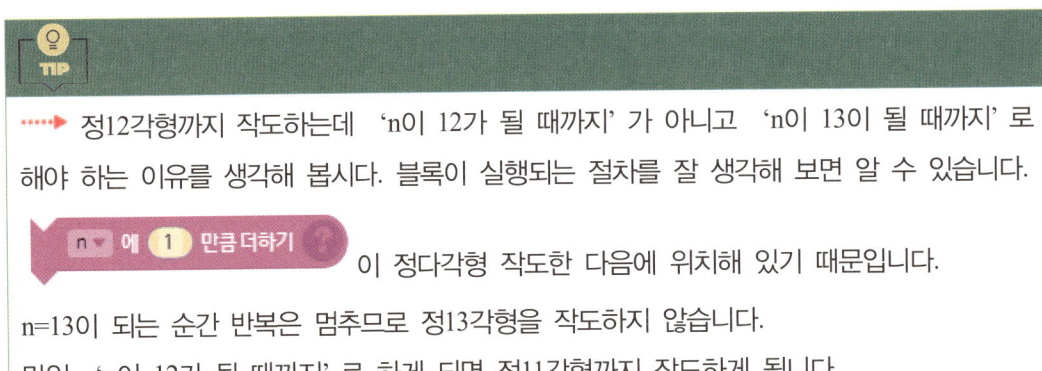

····▶ 정12각형까지 작도하는데 'n이 12가 될 때까지'가 아니고 'n이 13이 될 때까지'로 해야 하는 이유를 생각해 봅시다. 블록이 실행되는 절차를 잘 생각해 보면 알 수 있습니다.

이 정다각형 작도한 다음에 위치해 있기 때문입니다.

n=13이 되는 순간 반복은 멈추므로 정13각형을 작도하지 않습니다.

만일 'n이 12가 될 때까지'로 하게 되면 정11각형까지 작도하게 됩니다.

다른 방법2

의 위치 바꾸기

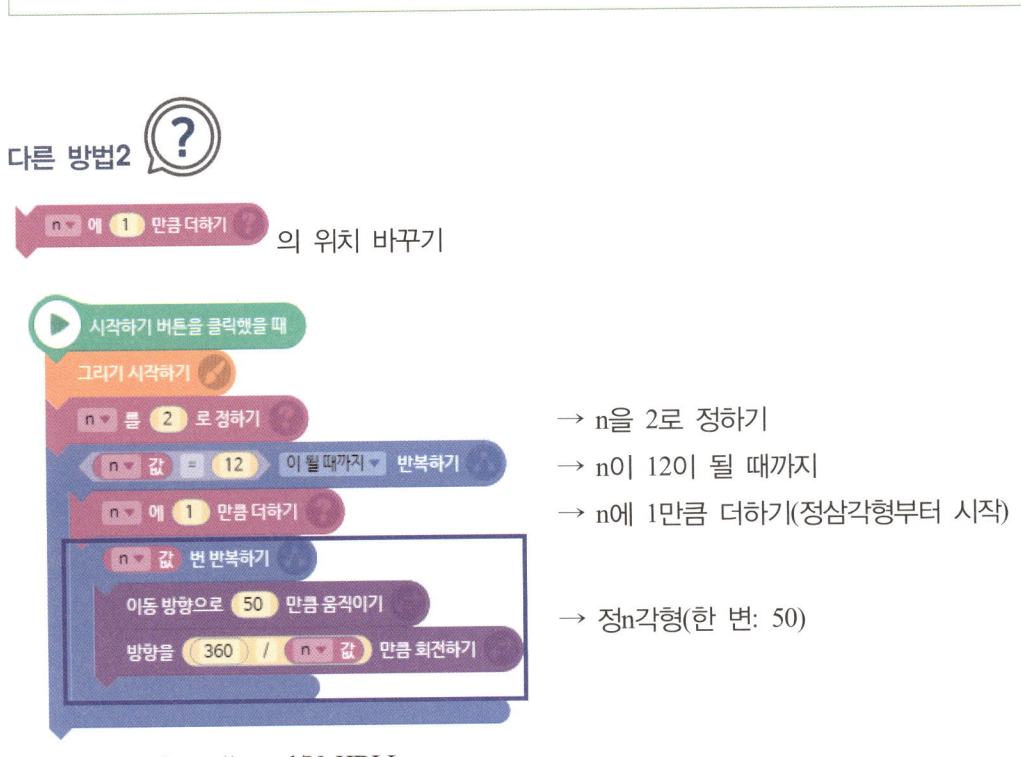

→ n을 2로 정하기
→ n이 12이 될 때까지
→ n에 1만큼 더하기(정삼각형부터 시작)

→ 정n각형(한 변: 50)

https://goo.gl/VvHDLL

교수-학습 방법

- 학생 스스로 여러 가지 방법으로 도형을 그릴 수 있는 분위기를 조성해야 합니다. 여러 가지 방법에는 다른 블록 사용하기, 회전 방향 바꾸기, 수학 개념을 다르게 표현하기, …… 등 다양한 방법이 있습니다.
- 교사가 구체적인 예를 제시해주거나 힌트를 주는 등의 지나친 친절은 주의하도록 합니다. 이러한 경우 토파즈 효과가 발생하여 학생들의 생각을 방해하고 최종적으로 수학적 사고 능력을 제한시킬 수 있습니다.
- 방향과 각: 엔트리는 시계 방향을 양의 방향으로 정의하는 한편 스크래치는 양의 방향을 정하지 않고 두 방향의 블록을 각각 제공하고 있습니다.

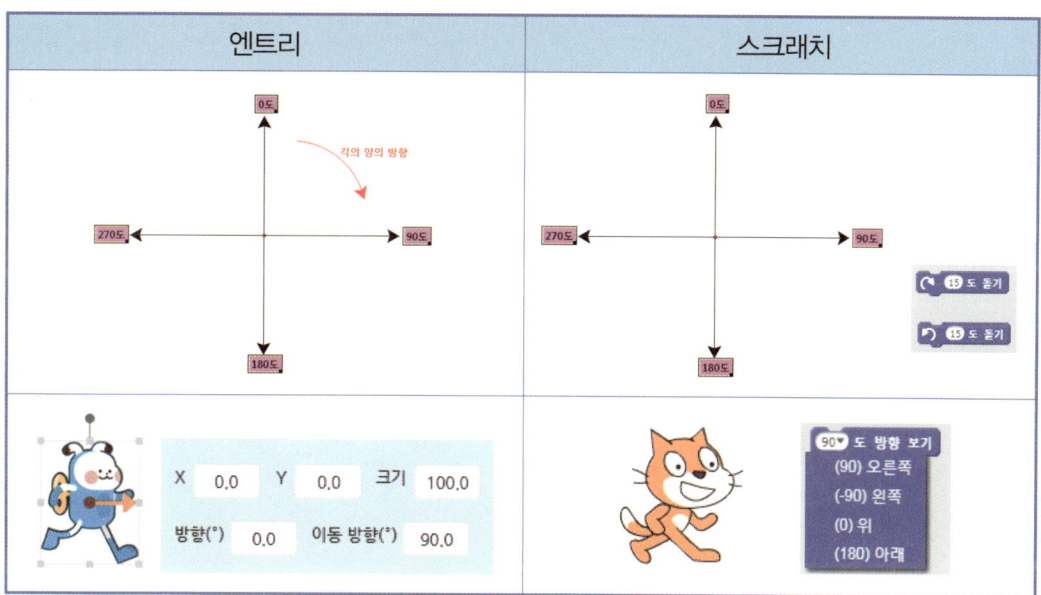

이러한 각의 방향은 고등학교 교육과정 <수학Ⅰ> 삼각함수에서 정의하는 것과 다릅니다. 삼각함수는 중학교에서 배우는 삼각비를 일반화시킨 개념으로 원의 좌표와 반지름을 이용하여 일반각에 대한 삼각함수를 정의합니다. 엔트리는 시계 방향을 양의 방향으로 정의하는 반면 삼각함수에서는 시계 반대 방향을 양의 방향으로 정의합니다.

삼각함수에서는 x축의 양의 방향을 시초선으로, 즉 0도로 정하는 반면 엔트리와 스크래치는 y축의 양의 방향을 0도로 정하고 있습니다.

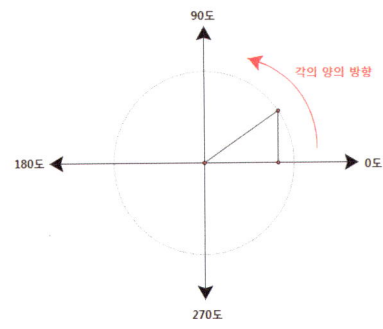

▶ 엔트리에서 반대방향은 '-'를 이용하여 표현할 수 있습니다. 초등학생은 음수를 배우지 않기 때문에 반대방향을 나타내는 기호로서 '-'를 지도하는 것이 좋겠습니다.

CHAPTER 6 원 그리기

> **학습 내용!**
> - 엔트리 - 도장 찍기, 오브젝트 크기 정하기, 오브젝트 숨기기, 속도 조절
> - 수학 - 원, 지름, 반지름(3-2-3원)

▶ 앞에서 정다각형 그리는 코딩을 했습니다. 정n각형에서 n이 큰 수가 되면 원 모양이 된다는 것을 관찰했습니다. 이제 원의 정의대로 원을 그리는 코딩을 해 봅시다.

▶ 원의 정의를 말해 봅시다.
  평면에서 한 점으로부터 일정한 거리에 있는 점들의 집합

1. 오브젝트의 중심을 옮겨 도장 찍기

 먼저 오브젝트의 크기를 줄이고 오브젝트의 중심을 옮깁니다.

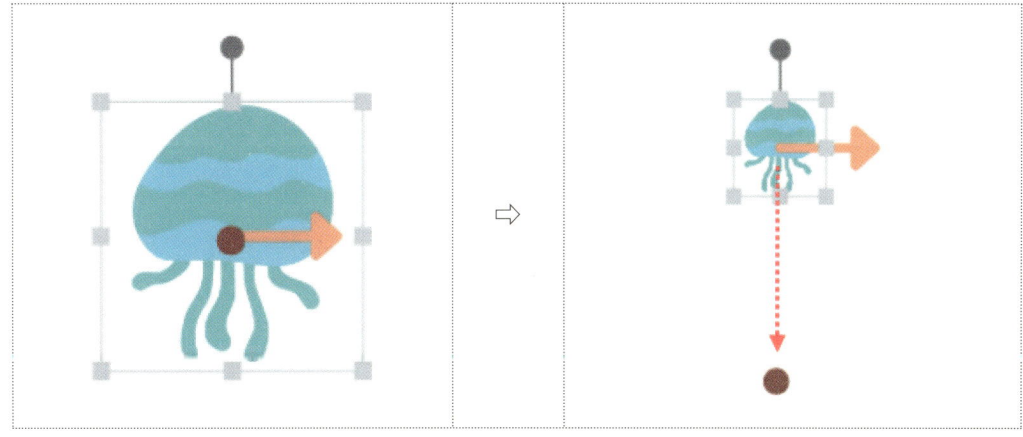

Chapter 6 원 그리기 71

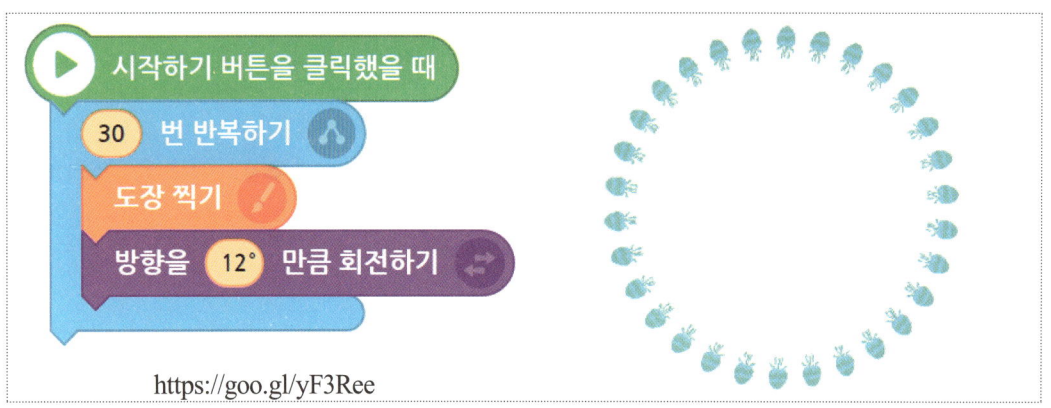

https://goo.gl/yF3Ree

오브젝트 크기 바꾸기

오브젝트의 크기를 바꾸는 방법은 세 가지가 있습니다.

(1) 실행 화면에서 크기 조절점을 드래그하는 방법

(2) 실행 화면 아래에서 연필 아이콘을 클릭하고 크기에 숫자를 입력하는 방법

(3) 크기를 100 (으)로 정하기 블록을 사용하는 방법

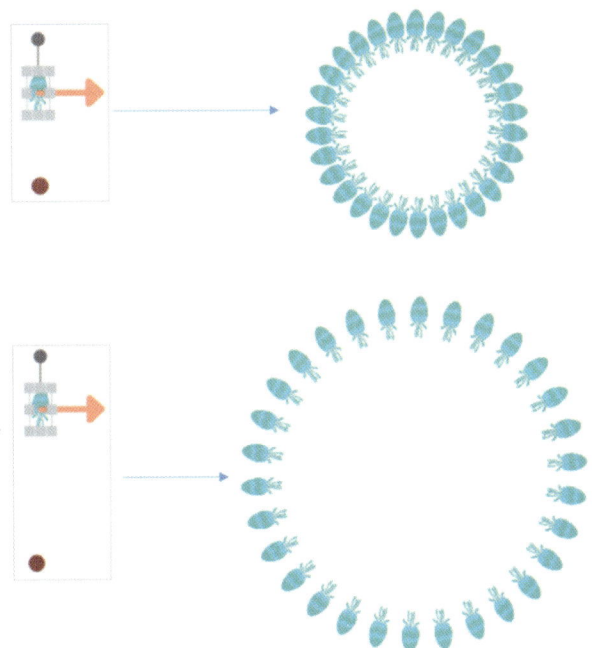

오브젝트에서 중심이 멀어질수록 원이 커집니다.

2. 한 점에서 일정한 거리에 도장 찍기

 오브젝트가 왕복하면서 도장 찍기를 하는 과정을 분석해 봅시다.

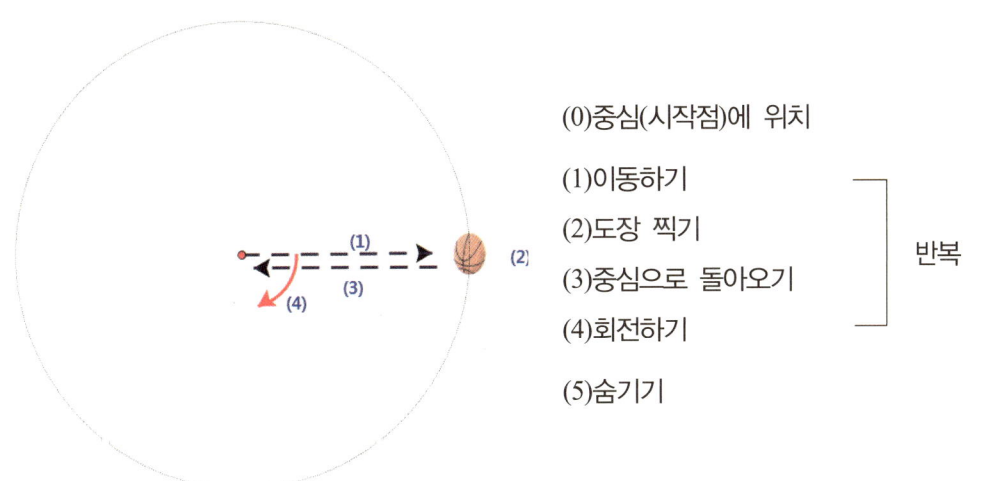

(0) 중심(시작점)에 위치

(1) 이동하기

(2) 도장 찍기

(3) 중심으로 돌아오기

(4) 회전하기

(5) 숨기기

반복 ((1)~(4))

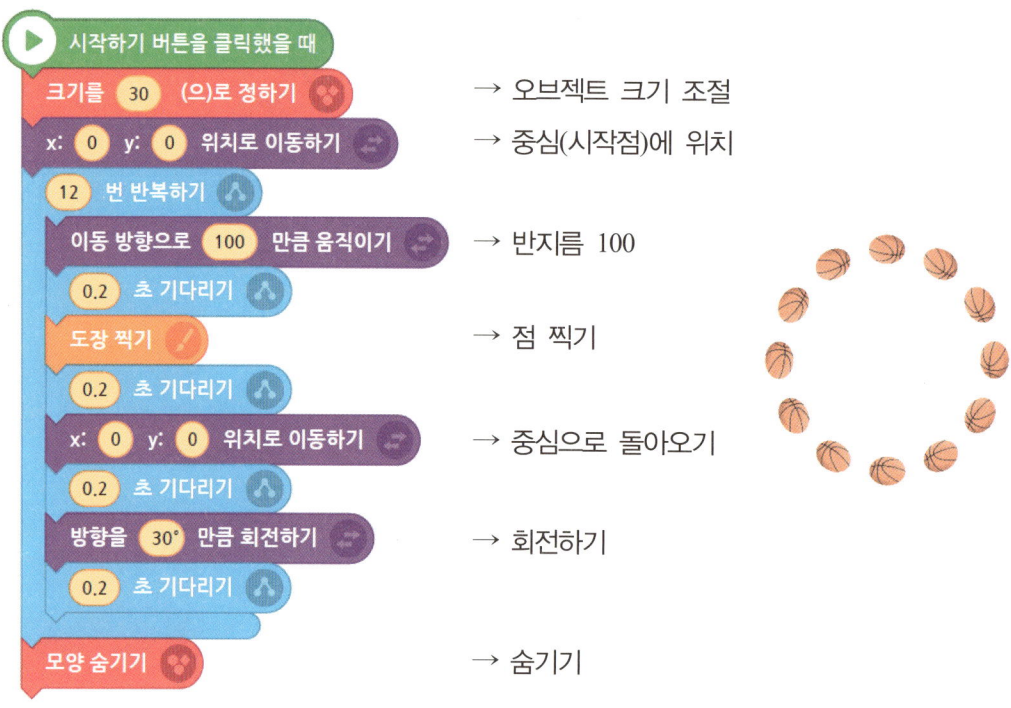

https://goo.gl/WG6rn9

> 💡 TIP
>
> 실행 화면 위쪽의 속도 조절하기 버튼을 클릭하여 실행 속도를 조절할 수 있습니다.

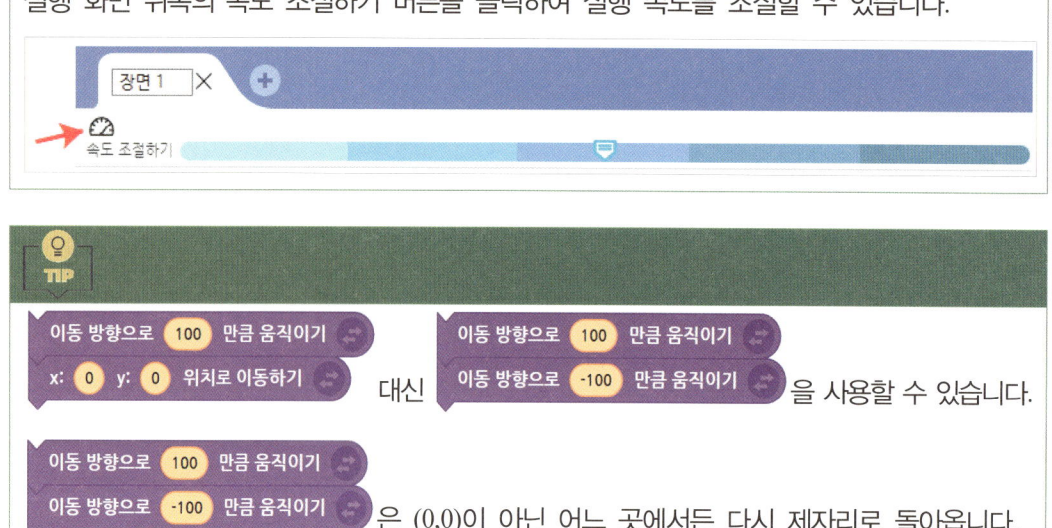

3. 점 오브젝트를 만들어 도장 찍기

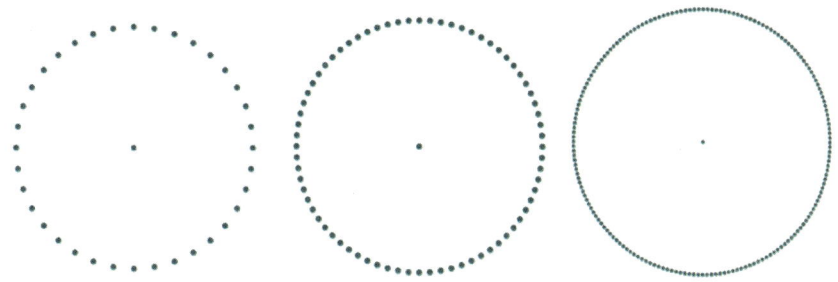

점 모양의 오브젝트 만들기

오브젝트 추가하기를 클릭하면 오브젝트 선택 외에 파일 업로드, 새로 그리기 방법이 있습니다. 파일을 업로드하거나 새로 그리는 방법으로 점 모양의 오브젝트를 만들 수 있습니다.

또 '원' 오브젝트를 선택하여 오브젝트의 크기를 줄이면 점 모양이 되겠죠?

점을 더 많이 찍으려면 어떻게 해야 할까요?

반복 횟수를 늘리고 회전 각도를 줄이면 됩니다.

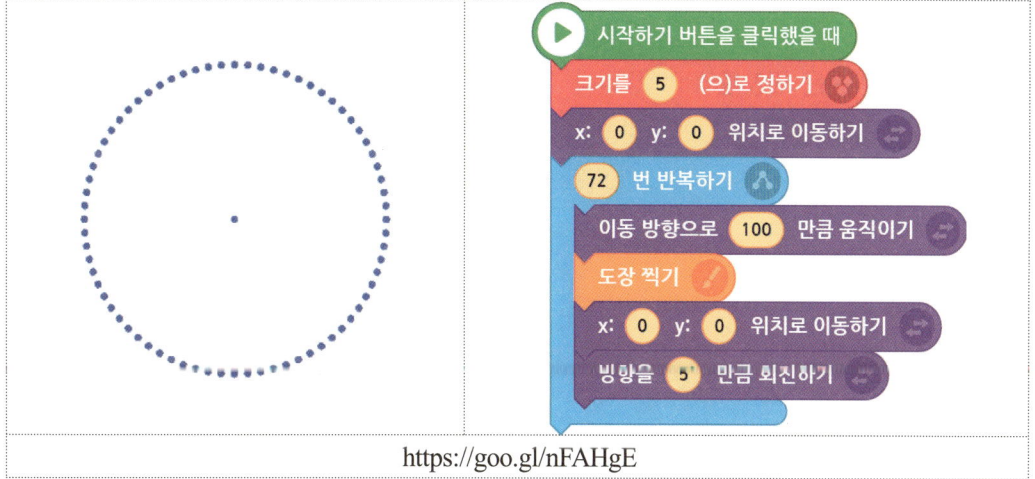

https://goo.gl/nFAHgE

Chapter 6 원 그리기 75

| 교과서 들여다보기 | 수학 3-2 3단원 원 |

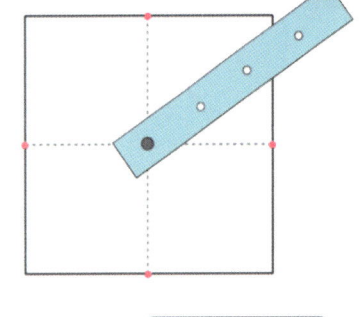

누름 못이 꽂힌 점에서 원 위의 한 점까지의 길이는 모두 같습니다. 원을 그릴 때에 누름 못이 꽂혔던 점 ㅇ을 원의 중심 이라고 합니다.

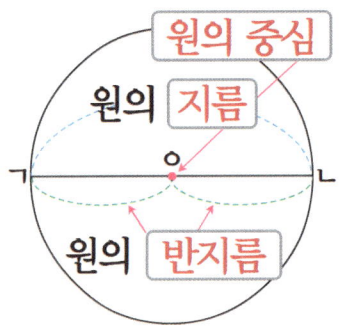

원의 중심 ㅇ과 원 위의 한 점을 이은 선분을 원의 반지름 이라고 합니다. 또, 원 위의 두 점을 이은 선분이 원의 중심 ㅇ을 지날 때, 이 선분을 원의 지름 이라고 합니다.

| 교과서 들여다보기 | 수학 3-2 3단원 원 |

원의 성질

- 지름은 원을 둘로 똑같이 나눕니다.
- 지름은 원 안에 그을 수 있는 가장 긴 선분입니다.
- 한 원에는 지름을 무수히 많이 그을 수 있습니다.
- 한 원에는 반지름을 무수히 많이 그을 수 있습니다.
- 한 원에서 지름은 반지름의 2배입니다.
- 한 원에서 원의 반지름은 모두 같습니다.

연 습 문 제

▶ 올림픽 오륜기를 그려 봅시다.

https://goo.gl/vqcJi4

교 사 를 위 한 문 제

▶ 부채꼴을 그려 보세요.

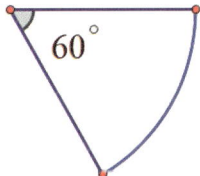

http://naver.me/5eMPJra3

교수-학습 방법 및 이론적 배경

- 초등학교에서는 비형식적인 방법(원 모양의 물체를 본뜨기, 줄을 돌려서 그리기, 띠종이를 이용)으로 원을 정의합니다.
- 초등학교에서 형식적인 방법으로 원을 정의하지는 않지만 중심에서 같은 거리(반지름)에 있는 점들을 찍어 원을 그려보는 활동을 합니다.
- 형식적인 원의 정의(평면에서 한 점에서 일정한 거리에 있는 점들의 모임)는 중학교에서 도입합니다.

CHAPTER 7 나선 그리기

학습 내용!

- 엔트리 - 도장 찍기, 오브젝트 크기 정하기, 오브젝트 숨기기, 변수 정하기, 변수 바꾸기
- 수학 - 원, 지름, 반지름(3-2-3원)

앞 장에서 배운 '도장 찍기로 원 그리는 방법'을 발전시켜 나선 모양을 그려 봅시다.

https://goo.gl/ZL9UfN

https://goo.gl/FnrYSM

학생에게 발문 & 권고

▶ 나선 모양을 잘 관찰하면서 원 모양과 비교해 봅시다. 두 도형의 같은 점과 다른 점을 무엇입니까?

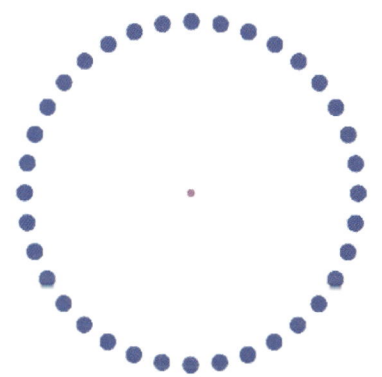

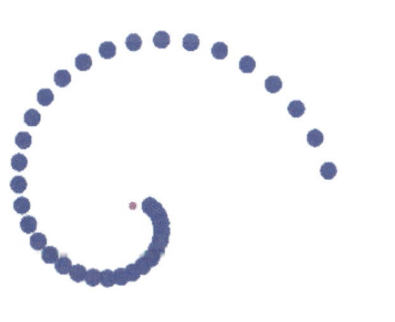

Chapter 7 나선 그리기 **79**

같은 점	다른 점
■ 중심이 있다. ■ 돌면서 점을 찍는다.	원: 중심에서 모든 점까지의 거리(반지름)가 같다. 나선: 중심에서 점까지의 거리(반지름)가 일정한 간격으로 변한다.

나선은 중심에서 점까지의 거리가 일정한 간격으로 변합니다. 일정한 각도만큼 회전하면서 점을 찍습니다.

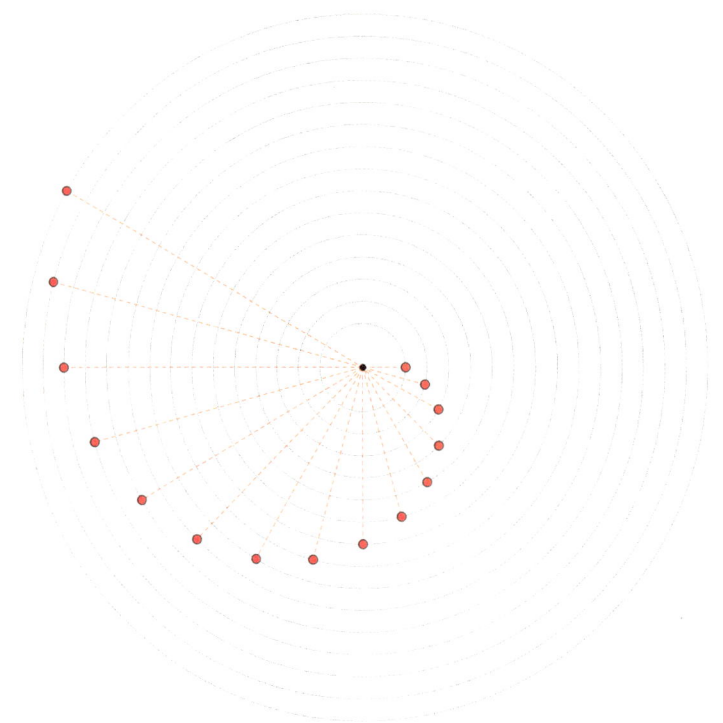

원은 중심에서 모든 점까지의 거리(반지름)가 같지만 나선은 중심에서 점까지의 거리(반지름)가 변합니다. 이처럼 변하는 수가 필요할 때 '변수 만들기'를 해야 합니다. 변수의 이름을 '반지름'이라고 합시다. 블록 을 클릭하면 새로운 블록들이 만들어진 것을 볼 수 있습니다.

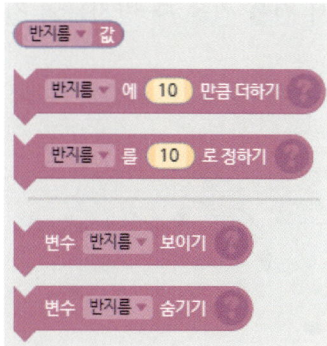

'원 그리기' 코딩 결과를 응용하여 '나선 그리기' 프로그래밍을 해 봅시다.

https://goo.gl/QHsJUj

https://goo.gl/tE8f9U

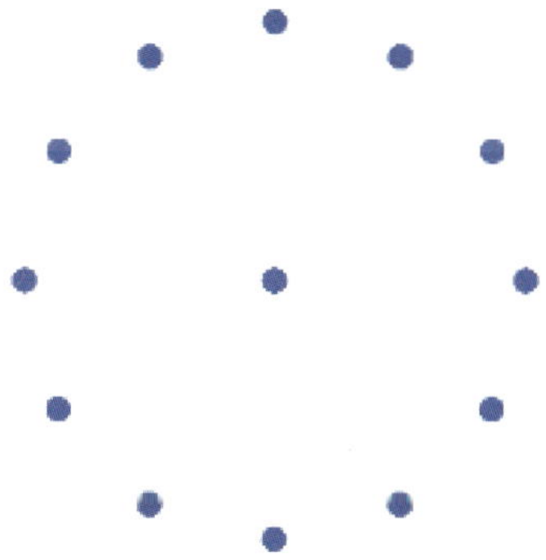

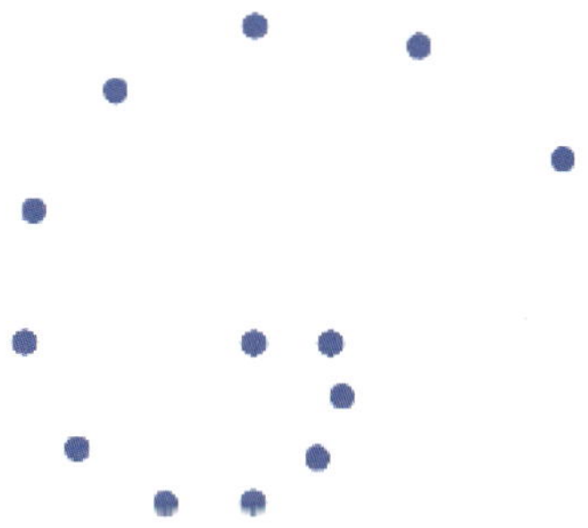

Chapter 7 나선 그리기

나선이 원과 다른 점은 돌면서 점을 찍을 때 반지름의 길이가 변화하는 것입니다. 점을 한 번 찍을 때마다 반지름의 크기가 변하도록 '반복하기' 안에 `반지름▼ 에 10 만큼 더하기` 을 끼워 넣습니다.

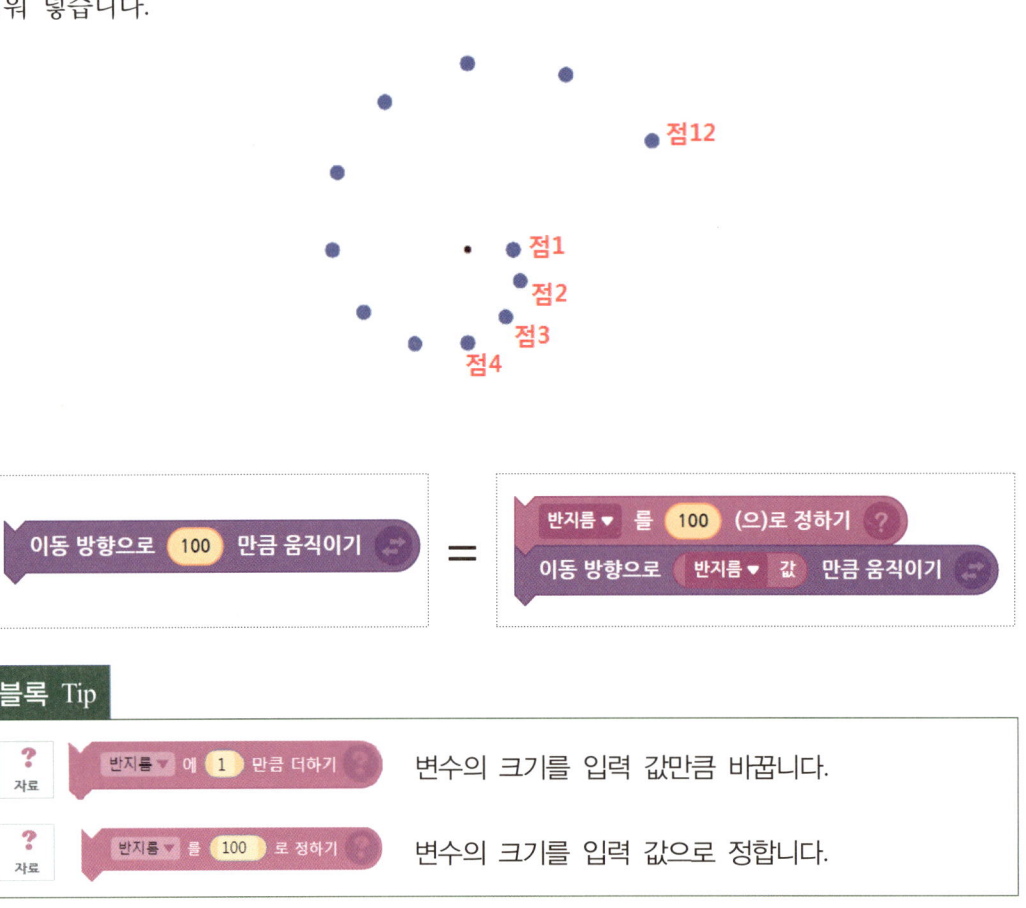

- 점의 크기를 줄이고 점의 개수를 더 많이 찍을수록 더 자연스럽고 아름다운 나선 모양이 됩니다.
- `모양 숨기기` 을 하지 않으면 마지막에 중심점에 오브젝트가 나타나 있습니다.
- 점의 개수는 반복 횟수와 관계가 있습니다.
- 그림이 실행 화면 밖으로 나가지 않도록 그림의 크기와 중심점의 위치를 조절하고 해야 합니다.
- 그림의 크기는 반지름과 관계가 됩니다.

https://goo.gl/zZUsvE

생각해보기 반대 방향의 나선을 그리려면 어떻게 할까요?

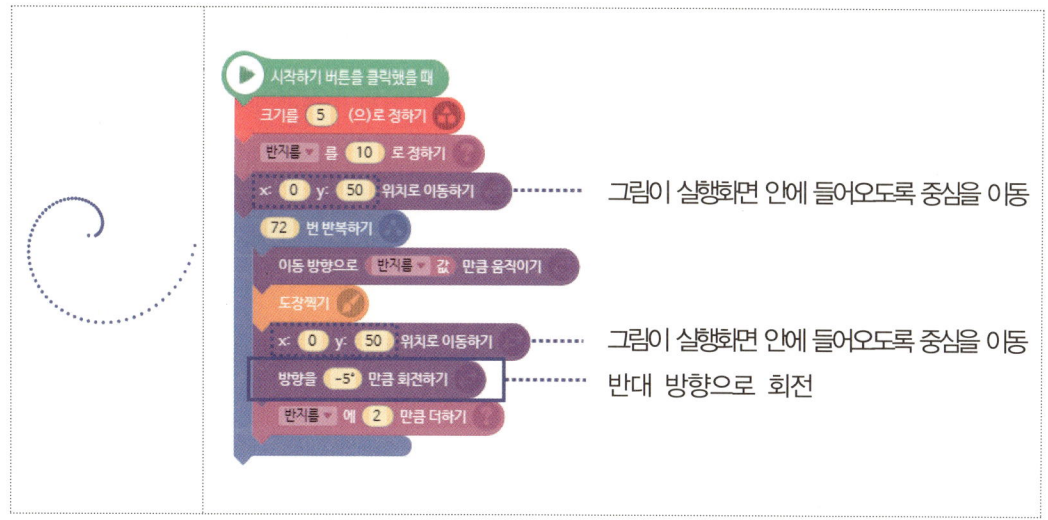

https://goo.gl/5Jovj7

Chapter 7 나선 그리기

CHAPTER 8 함수 만들기

> **학습 내용!**
> - 엔트리 - 함수 만들기, 함수 정의하기
> - 수학 - 문제해결, 일반화

자주 사용할 그림이나 식을 '함수 만들기' 해 놓으면 매우 편리합니다.

> **함수**
> - 변수 x와 y 사이에 x의 값에 따라 y값이 정해지는 관계가 있을 때, y는 x의 함수라고 합니다. 이때 x를 독립변수, y를 종속변수라고 합니다.
> - 정n각형 작도(03장) 코딩에서는 〔대답〕을 입력하면 정다각형의 모양이 결정되어 그림이 그려집니다. 즉 코딩 결과인 정다각형 그림은 〔대답〕의 함수입니다. 즉, 이때 〔대답〕은 독립변수, 정다각형 그림은 종속변수입니다.

정사각형의 '한 변의 길이'를 변수로 하여 '함수 만들기' 해 놓으면 크기가 다른 정사각형을 손쉽게 그릴 수 있습니다.

함수 만들기	정사각형(한 변의 길이)
함수 정의하기 함수	① 블록 → f 함수 → 함수 만들기 을 클릭
함수 정의하기 정사각형	② 함수의 이름을 입력(예: 정사각형)
함수 정의하기 정사각형 문자/숫자값 1	③ 문자/숫자값 을 끌어다 함수 정의하기 정사각형 에 붙임
	정사각형 의 뒤에 문자/숫자값 의 앞부분을 가까이 가져가면 정사각형 의 꼬리 부분이 하얀 색으로 바뀝니다. 이때 마우스를 떼면 붙습니다.
함수 정의하기 정사각형 한 변 문자/숫자값 1	이때 만일 문자/숫자값 의 이름을 표시하여 구분하고 싶다면 사이에 이름 을 붙여 넣고 이름을 입력합니다. 이름을 구분할 필요 없을 때에는 생략합니다.
함수 정의하기 정사각형 한 변 문자/숫자값 1 그리기 시작하기 4 번 반복하기 이동 방향으로 문자/숫자값 1 만큼 움직이기 방향을 90° 만큼 회전하기	④ 블록 을 클릭하여 블록 조립으로 '한 변의 길이'를 변수로 하는 정사각형 함수를 정의합니다. 문자/숫자값 을 끌어다 넣습니다. 문자/숫자값 이 변수입니다.
	⑤ 확인 을 클릭합니다.
정사각형 한 변 10	⑥ 블록 의 f 함수 을 클릭하면 정사각형 한 변 10 이 생성된 것을 볼 수 있습니다.

정사각형 한 변 10 을 이용하여 크기가 다른 정사각형들을 손쉽게 그릴 수 있습니다.

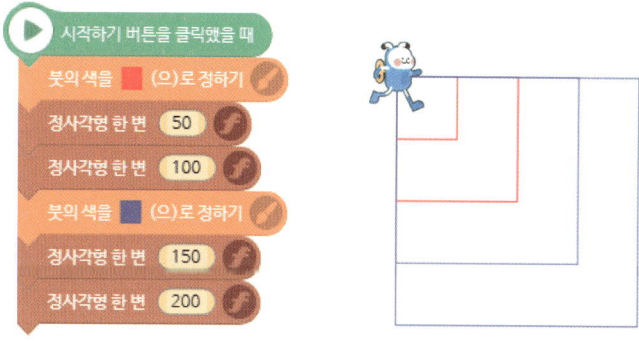

https://goo.gl/3BuEeX

> **블록 Tip**
>
> 함수를 편집하려면 함수블록  을 더블 클릭하거나 을 클릭합니다.

1. 정n각형을 그리는 함수 만들기

📖 함수를 만들어 여러 가지 정다각형을 손쉽게 작도하도록 코딩해 봅시다. (n은 정n각형의 n을 의미함)

→ 정삼각형
→ 정사각형
→ 정오각형
→ 정육각형
→ 정칠각형
→ 정팔각형

https://goo.gl/cJirJS

2. 한 변의 길이가 a인 정n각형을 그리는 함수만들기

 함수를 만들어 다양한 그림을 그려봅시다.(n은 정n각형, 한 변은 정n각형의 한 변의 길이를 의미함)

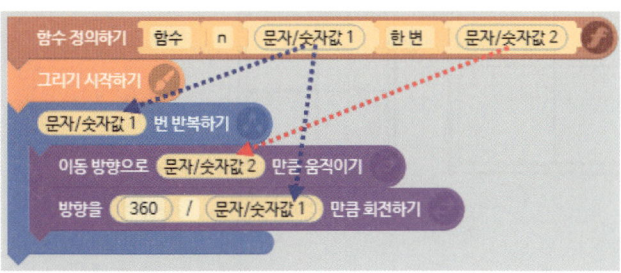

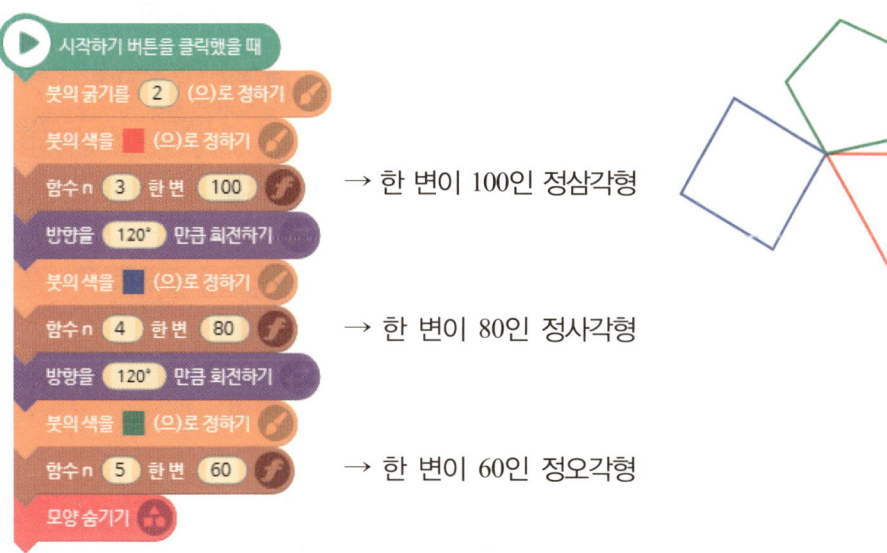

→ 한 변이 100인 정삼각형

→ 한 변이 80인 정사각형

→ 한 변이 60인 정오각형

https://goo.gl/YKK8W1

3. 창문 함수 만들어 그림 그리기

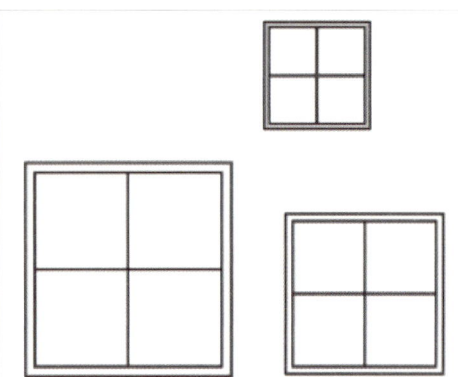

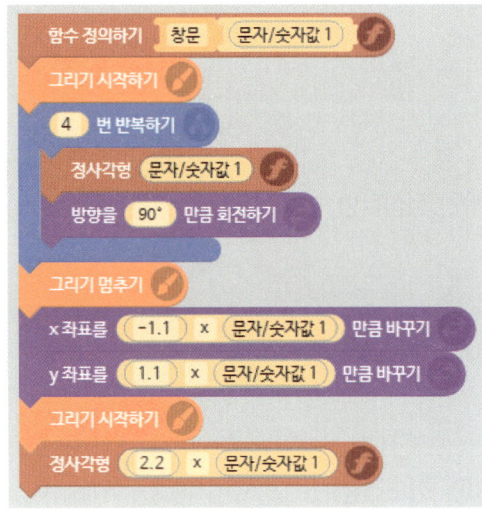

https://goo.gl/3GjMLo

4. 거미줄(1) 함수 만들어 그림 그리기

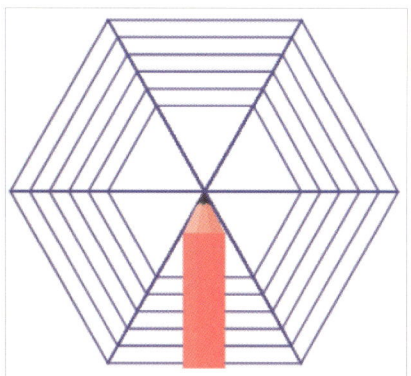

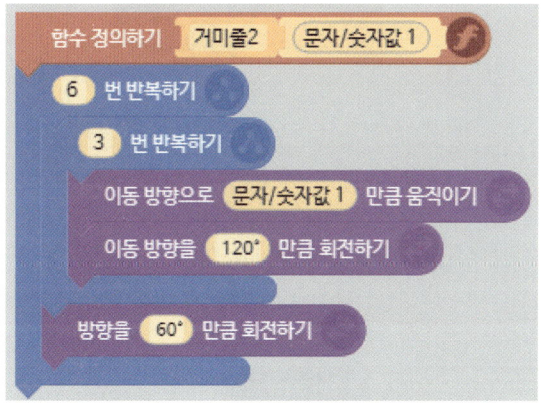

https://goo.gl/SZSF2d

5. 거미줄(2) 함수 만들어 그림 그리기

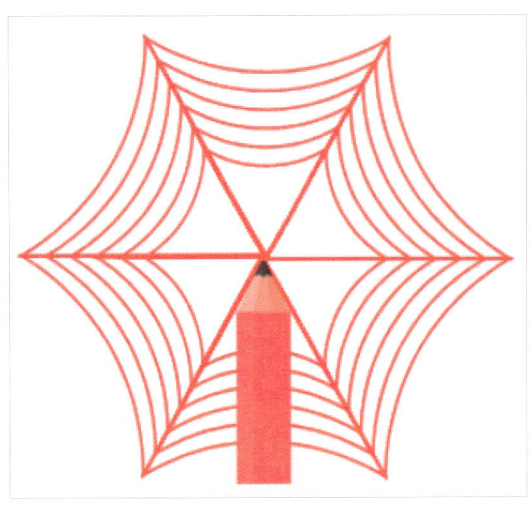

→ 호(원의 1/6)

https://goo.gl/QcSRER

생각해 보기

▶ 거미줄 그리기2 그림에서 미세한 오차가 생기는 이유를 생각해 봅시다.
π값을 3.141592 로 계산한 때문입니다.

연 습 문 제

▶ 정사각형 함수를 이용하여 다음 그림을 그려보세요.

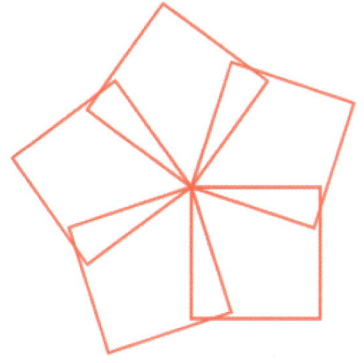

http://naver.me/F7wkqtek

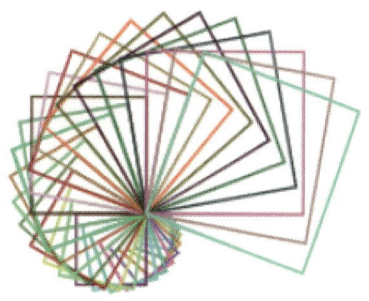

https://goo.gl/aFu3Ug

CHAPTER 9 스트링아트 그리기

> **학습 내용!**
>
> - 엔트리 - 순차, 반복 - 반복하기, 움직이기, 그리기, 그리기 멈추기, 좌표 위치로 이동하기, 좌표에 ~만큼 더하기
> - 수학 - 규칙 찾기(4-1-6규칙 찾기), 평면좌표

곡선을 사용하지 않고 직선만을 사용하여 여러 가지 모양을 만들어 내는 것을 스트링 아트라고 합니다.

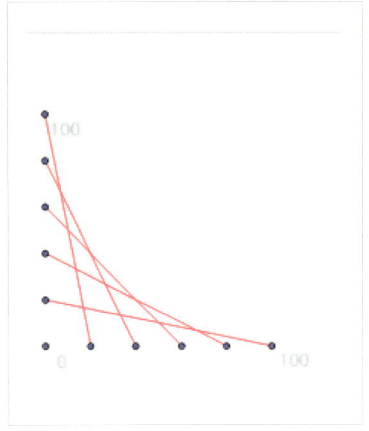

▦ 을 클릭하여 좌표평면을 불러온 후 코딩을 시작합니다.

`그리기 시작하기` 와 `그리기 멈추기` 을 적절하게 사용하여 필요한 선만 그립니다.

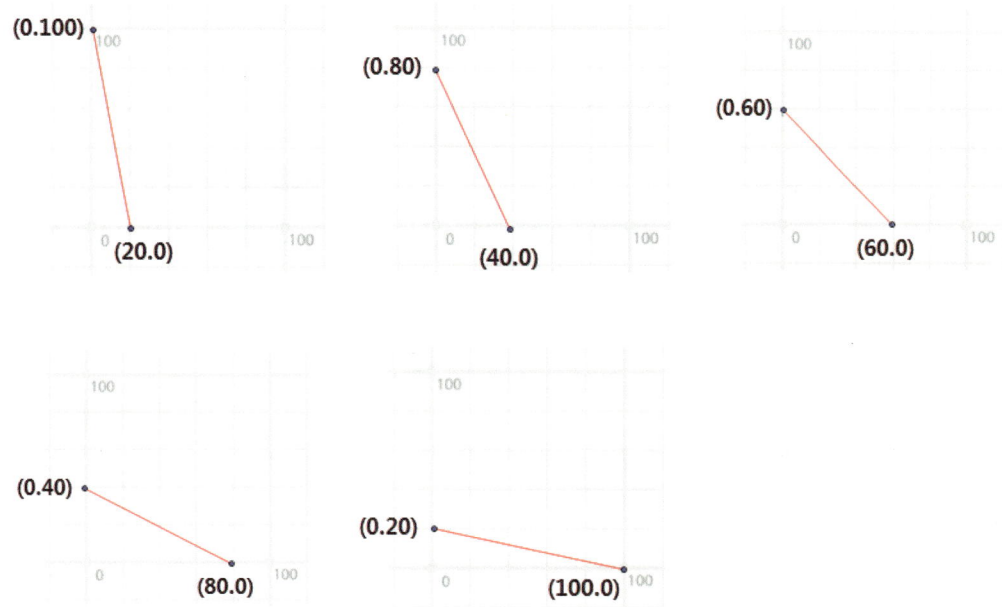

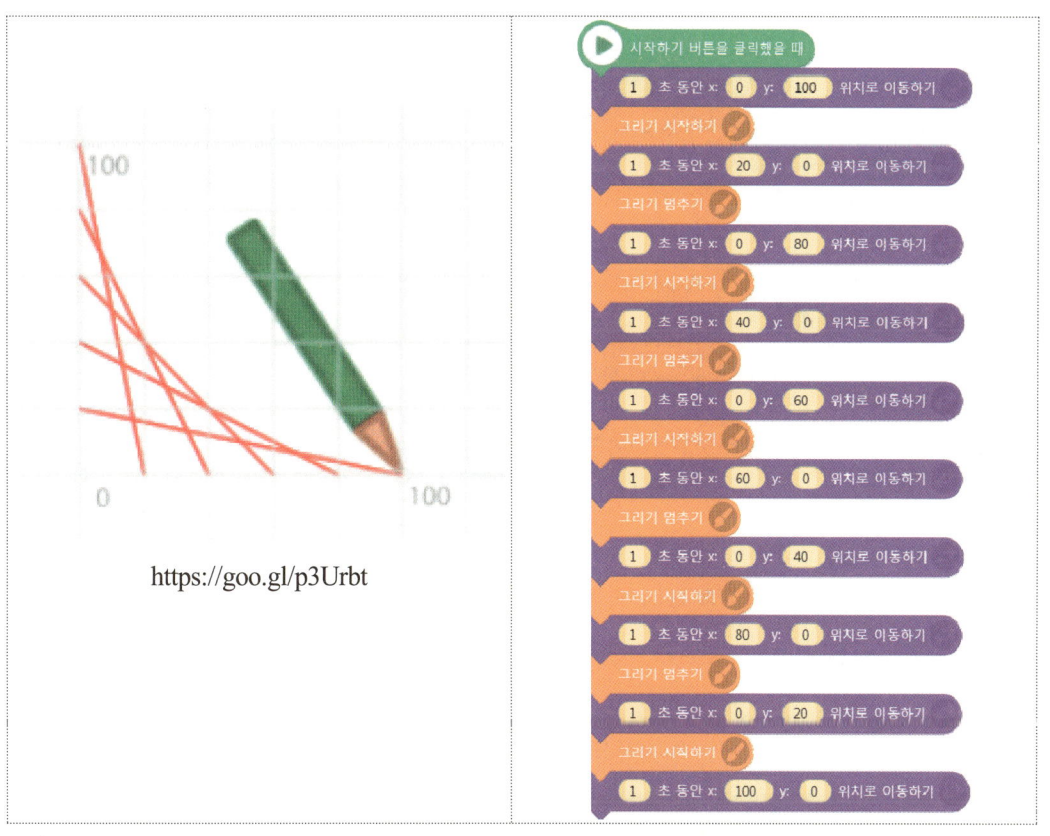

https://goo.gl/p3Urbt

Chapter 9 스트링아트 그리기

길게 연결된 블록들 사이에서 규칙을 찾아봅시다.

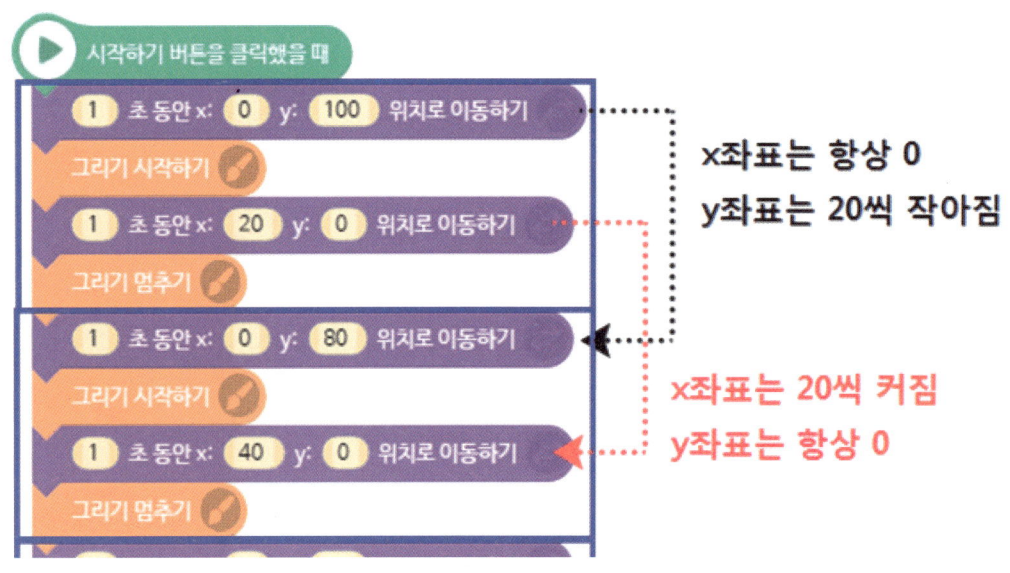

변수(x, y)를 만들어 블록의 수를 줄일 수 있습니다.

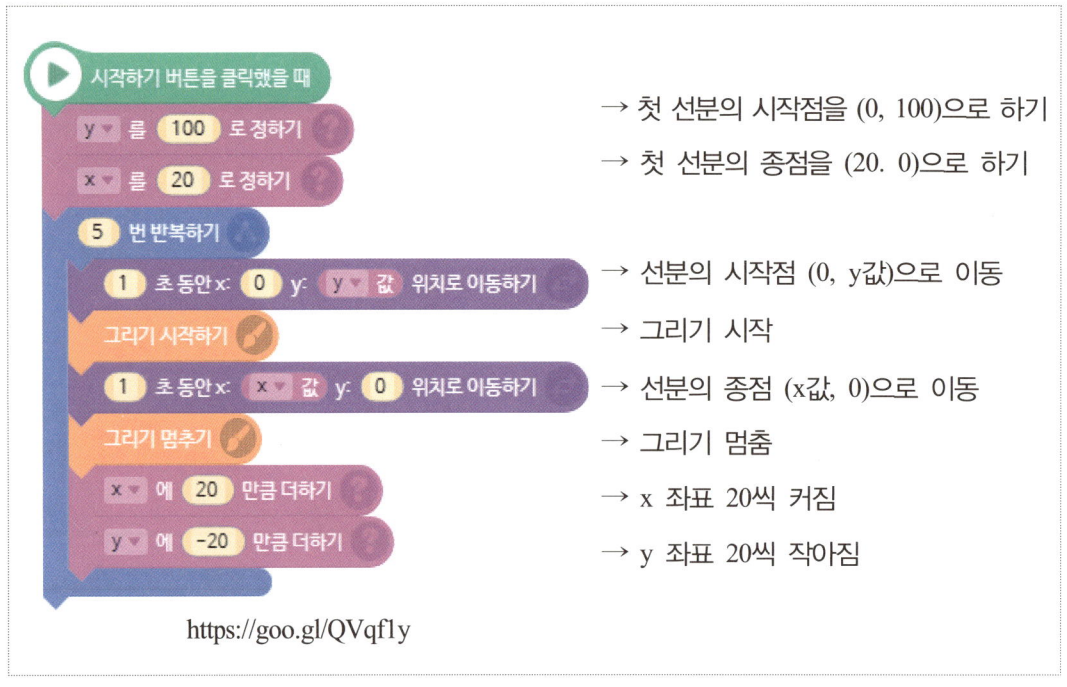

→ 첫 선분의 시작점을 (0, 100)으로 하기
→ 첫 선분의 종점을 (20. 0)으로 하기

→ 선분의 시작점 (0, y값)으로 이동
→ 그리기 시작
→ 선분의 종점 (x값, 0)으로 이동
→ 그리기 멈춤
→ x 좌표 20씩 커짐
→ y 좌표 20씩 작아짐

https://goo.gl/QVqf1y

변수의 크기와 범위를 조절하여 촘촘한 스트링아트를 그릴 수 있습니다.

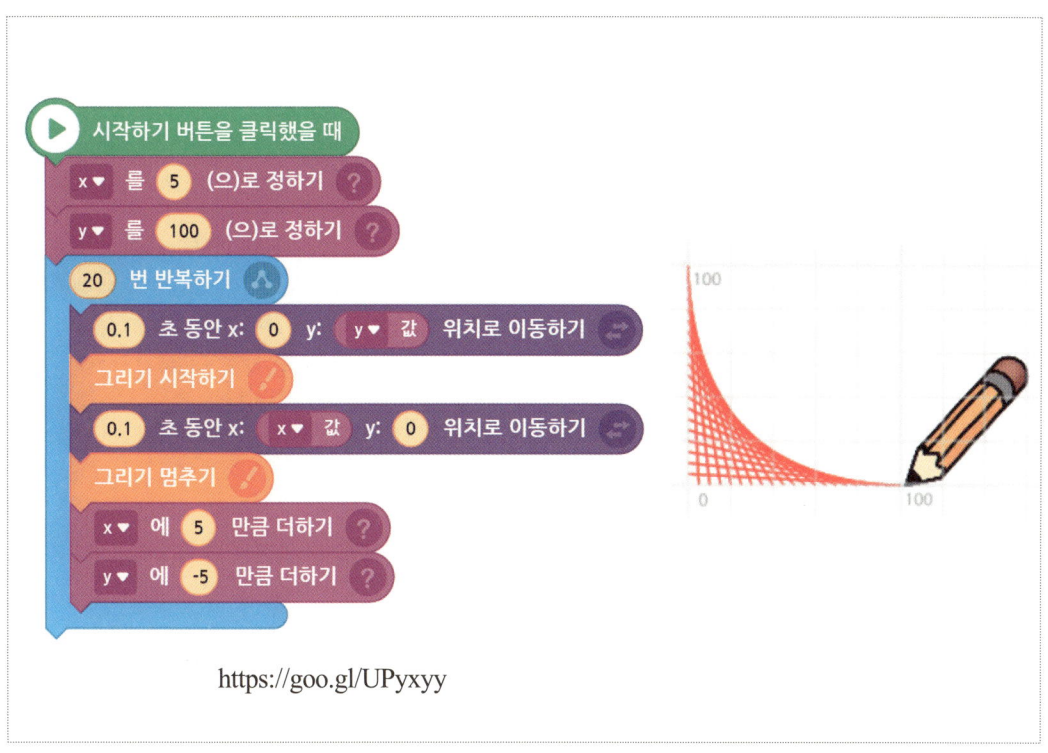

https://goo.gl/UPyxyy

비슷한 블록

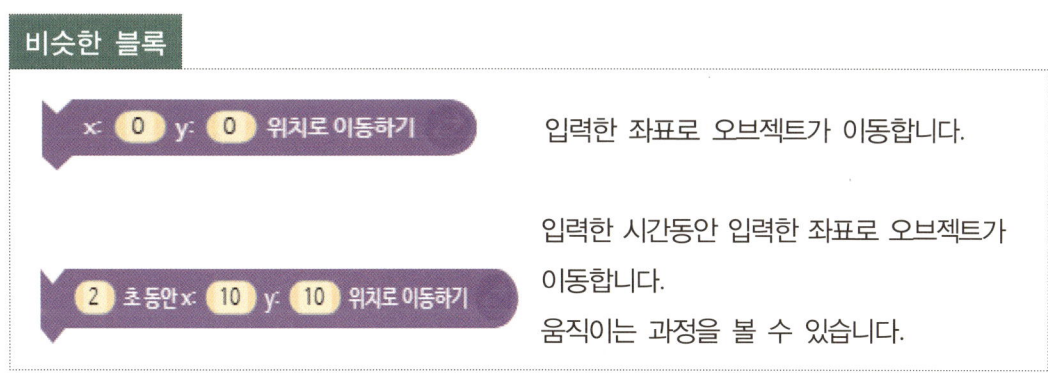

입력한 좌표로 오브젝트가 이동합니다.

입력한 시간동안 입력한 좌표로 오브젝트가 이동합니다.
움직이는 과정을 볼 수 있습니다.

규칙을 찾아 '함수 만들기'를 하면 블록의 수를 줄일 수 있습니다.

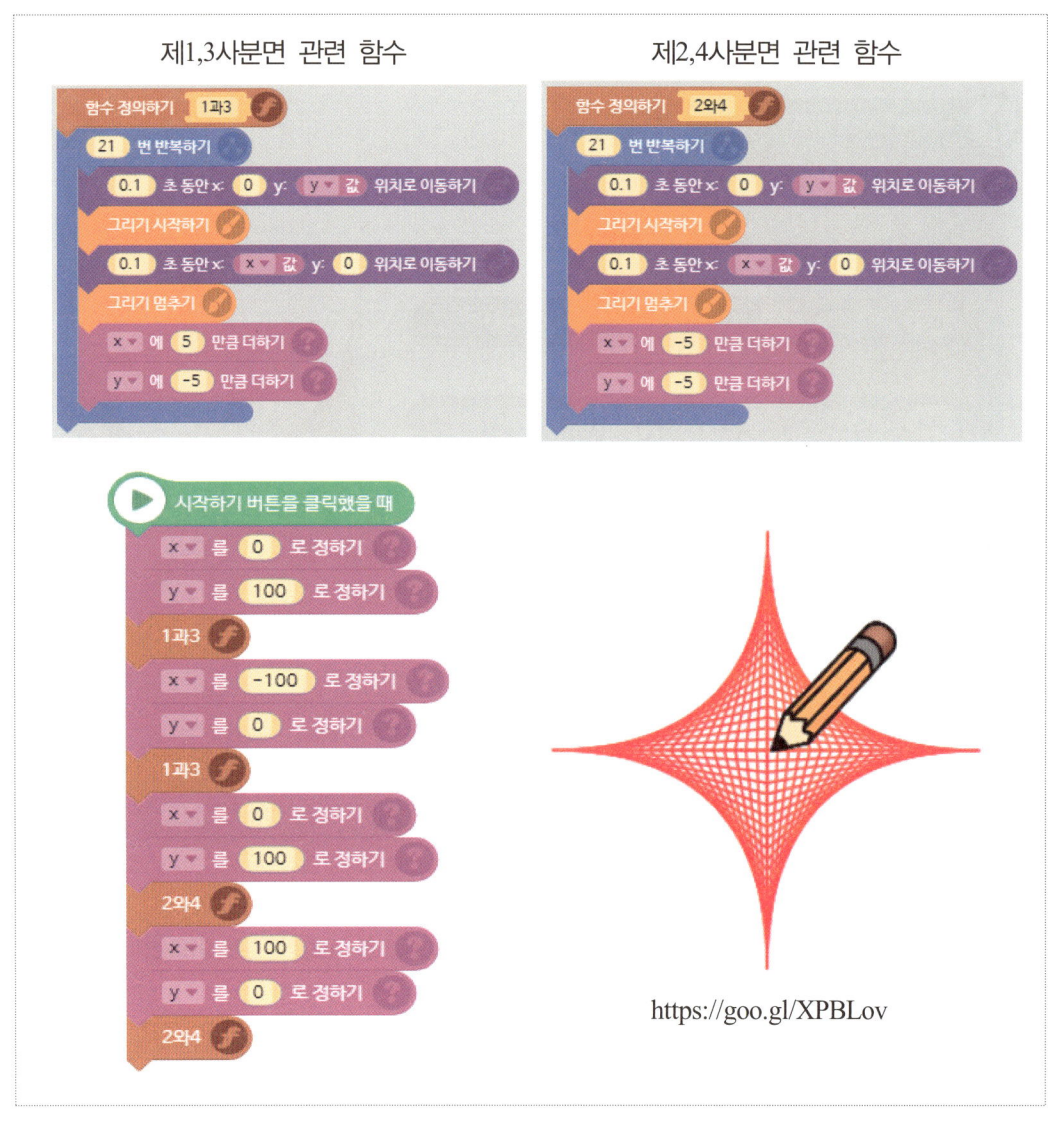

https://goo.gl/XPBLov

연 습 문 제

▶ 다음과 같은 스트링아트를 코딩해 봅시다.

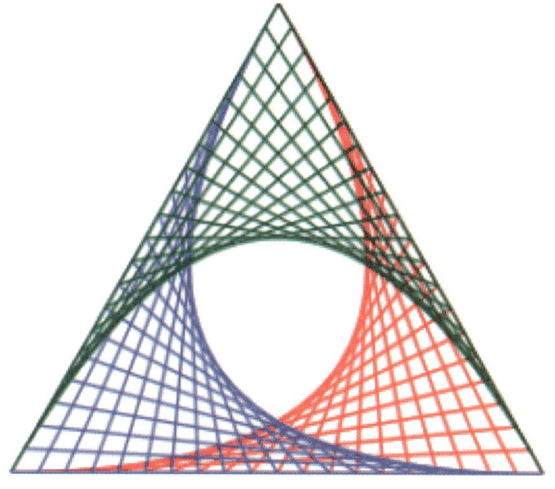

http://naver.me/FnLjIfk8

CHAPTER 10 재귀적 절차(1)

> **학습 내용!**
> - 엔트리 - 재귀적 절차 - 만일 참이라면
> - 수학 - 재귀, 프랙탈, 시어핀스키삼각형, 규칙 찾기

'재귀'의 사전적 의미는 '원래의 자리로 되돌아가거나 되돌아옴'입니다.

재귀적(Recursive)이란 '자기 자신을 호출한다.' 또는 '있던 곳으로 되돌아간다.'는 뜻입니다.

수열

1, 1+2, 1+2+3, 1+2+3+4, 1+2+3+4+5, …

1, 1×2, 1×2×3, 1×2×3×4, 1×2×3×4×5, …

2, 2×2, 2×2×2, 2×2×2×2, 2×2×2×2×2, …

에서 n번째 항을 구하기 위해서는 (n-1)번째 항까지의 과정을 반복해야 합니다.

프랙탈 도형도 마찬가지 입니다. n번째 항의 모양이 되기 위해서는 (n-1)번째 항까지의 과정이 반복되어야 합니다.

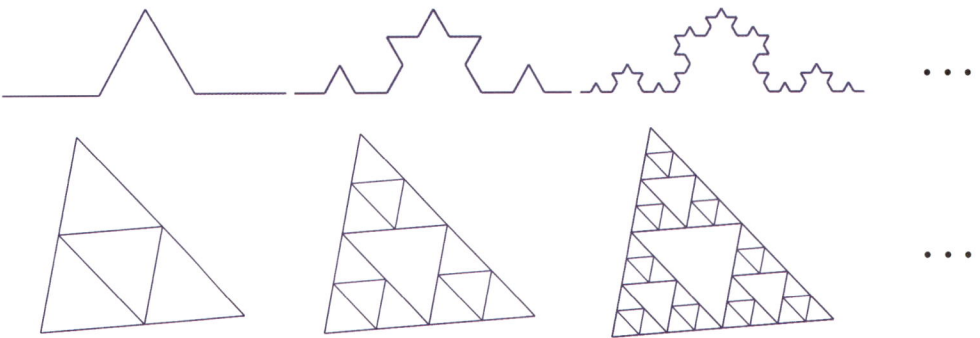

또 재귀 호출을 이용하여 풀 수 있는 가장 유명한 예제 중에 '하노이의 탑' 문제가 있죠.

이처럼 전항까지의 작업을 다시 호출하는 것을 재귀적이라고 합니다.
재귀적 방법을 사용하여 코딩하면 매우 간략하게 문제를 해결할 수 있습니다.
우리가 사고력을 발휘하여 프로그래밍을 잘 할 수 있다면 컴퓨터는 반복이나 재귀적 절차의 처리를 능숙하게 해 주므로 복잡한 문제를 쉽게 해결할 수 있습니다.

01 엔트리봇이 자연수를 순서대로 말하도록 여러 가시 방법으로 코닝해 몰까요?
   (1) 일일이 명령하기

(2) 변수에 1만큼 더하기

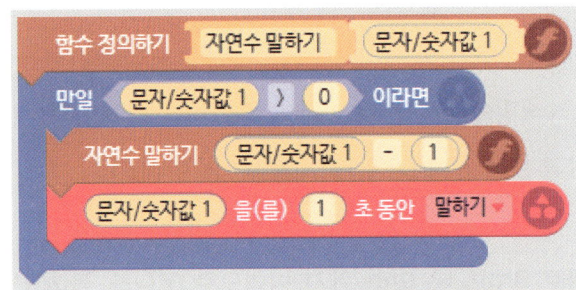

https://goo.gl/1nJHxQ

(3) 재귀적 방법

→ 함수: 자연수 말하기(n)

→ 변수>0 이라면

→ 함수: 자연수 말하기(n-1)

→ n 말하기

https://goo.gl/ah3VVm

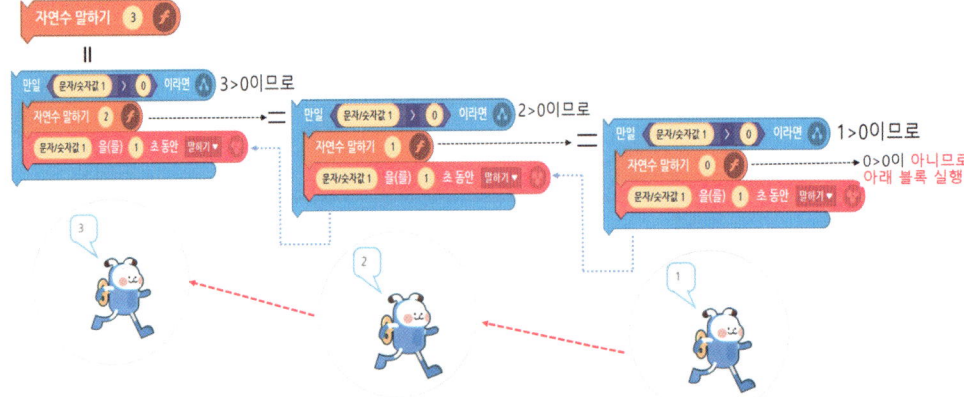

▶  을 실행하면 1부터 100까지 말하겠죠?

▶ 만일 자연수 11부터 100까지 이야기하고 싶다면 어떻게 하면 될까요?

 변수>10 으로 수정하면 됩니다.

02 재귀적 방법으로 거미줄을 그리도록 코딩해 볼까요?

07장에서는 함수 만들기를 이용하여 거미줄을 그렸습니다.
재귀적 방법으로 코딩하여 비교해 봅시다.

(1) 점점 커지는 거미줄(변의 길이의 차: 10)

https://goo.gl/Yffj6u

- 위의 거미줄 코딩에서 몇 개의 거미줄이 그려질까요?

    11개입니다. 변의 길이가 50, 60, 70, …, 150인 거미줄들이 그려지기 때문입니다.

- 그림 그리는 과정을 살펴보면 중앙의 작은 ⬡ 부터 차츰 커지는 것을 볼 수 있습니다. 만일 큰 그림부터 차츰 작아지는 순으로 그림을 그리도록 코딩하고 싶다면 어떻게 해야 할지 생각해 봅시다.

(2) 점점 작아지는 거미줄(변의 길이의 차: 10)

- 절차를 생각하면서 두 코드를 비교해 보세요.
- **거미줄 함수**에서 각 숫자가 의미하는 것이 무엇인지 관찰해 봅시다. 숫자를 바꾸어 입력하면서 탐구해 봅시다.

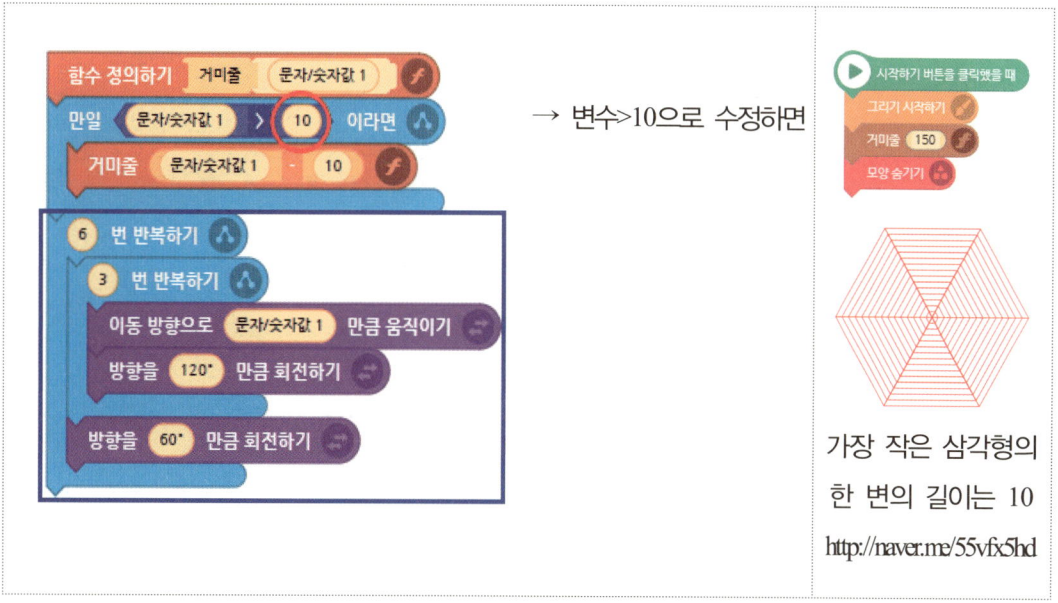

(3) 점점 커지는 거미줄(작은 변과 큰 변의 길이의 비: 0.8)

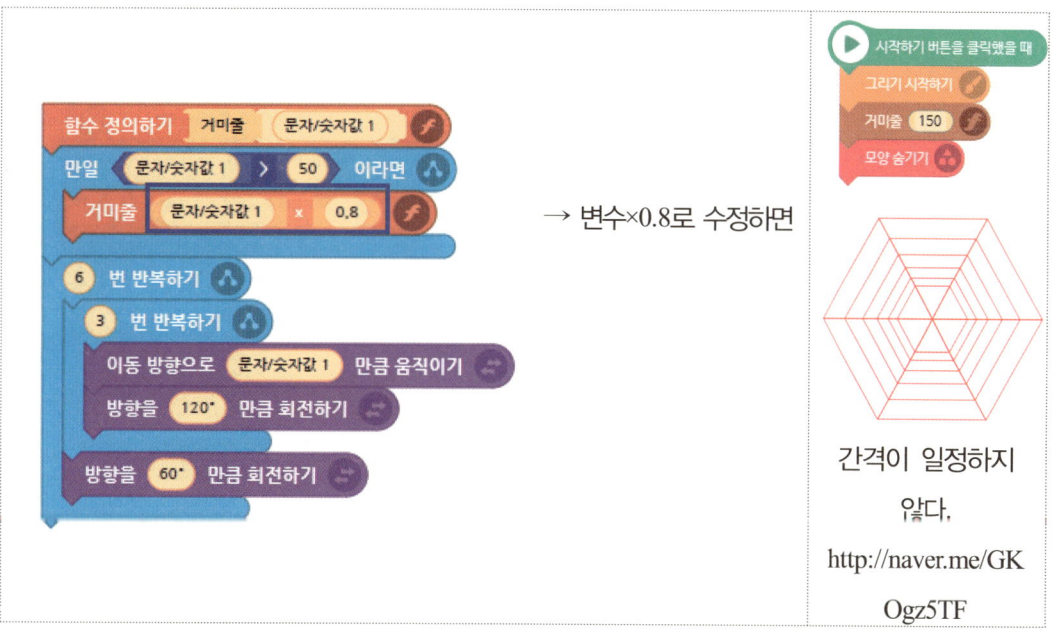

Chapter 10 재귀적 절차(1) **103**

연 습 문 제

(1) 06장에서 함수 만들기를 이용하여 정다각형들을 작도 하였습니다. 재귀적 방법으로 코딩해 봅시다.

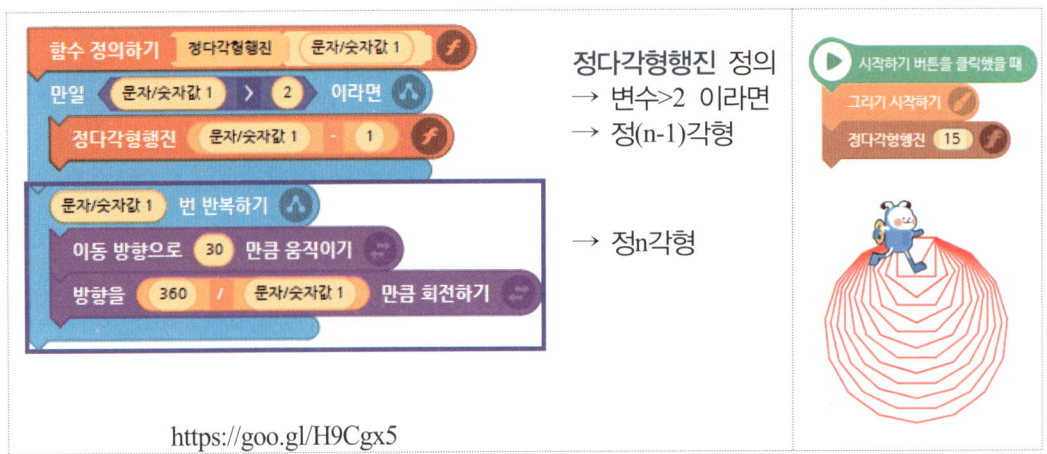

https://goo.gl/H9Cgx5

재귀적 방법은 도형의 작도뿐만 아니라 수와 연산 영역에서도 매우 유용하게 적용할 수 있습니다. 또한, 재귀적 방법으로 코딩하면 블록의 수를 줄일 수 있으며 구조를 알아보기 쉽습니다.

(2) 함수에서 블록의 순서를 바꾸면 어떤 결과가 나타날까요? 절차를 생각해 보세요.

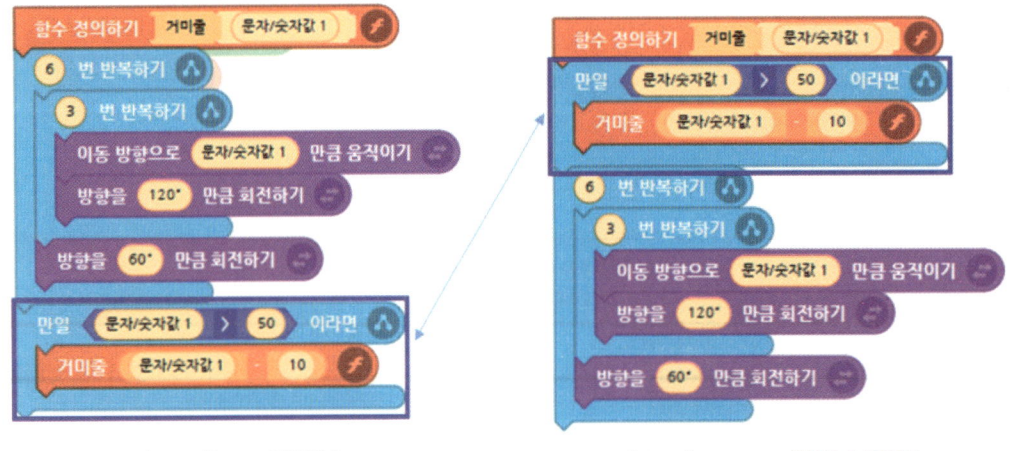

https://goo.gl/Yffj6u   http://naver.me/FDJahCDV

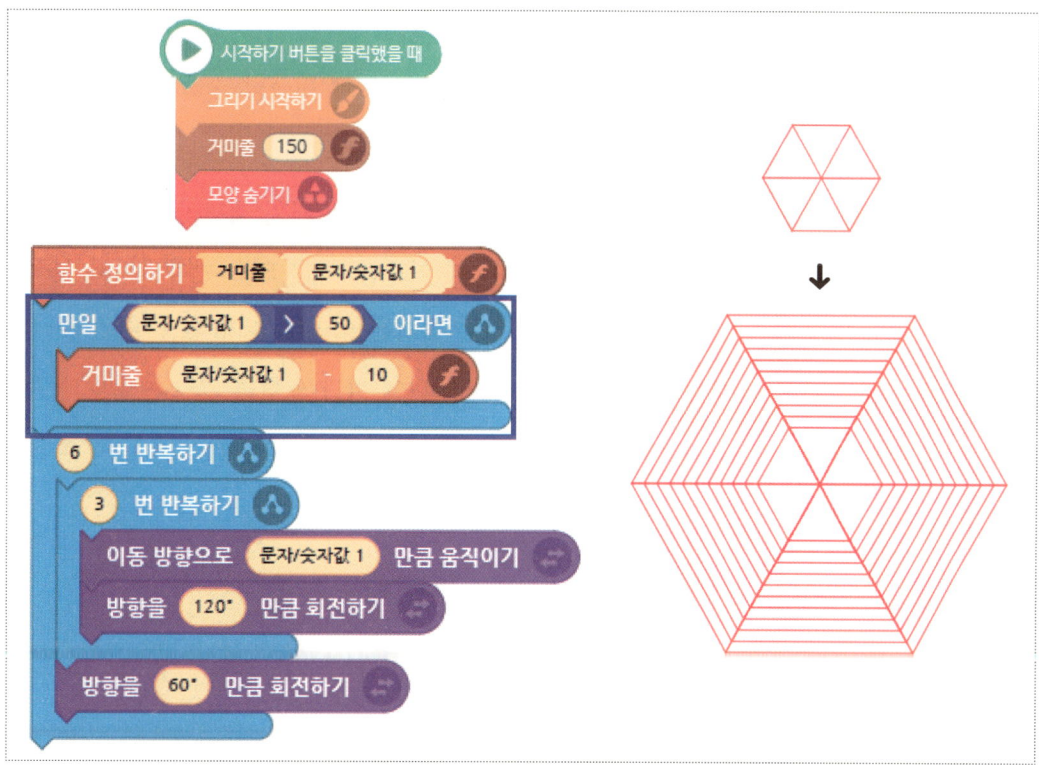

Chapter 10 재귀적 절차(1)

CHAPTER 11 프랙탈 도형 그리기

> **학습 내용!**
>
> - 엔트리 - 재귀적 절차 - 만일 참이라면
> - 수학 - 재귀, 프랙탈, 시어핀스키삼각형, 규칙 찾기

프랙탈(fractal)은 작은 구조가 전체 구조와 비슷한 형태로 끝없이 되풀이 되는 구조를 말합니다. 자연계의 리아스식 해안선, 동물혈관 분포 형태, 나뭇가지 모양, 창문에 성에가 자라는 모습, 산맥의 모습도 모두 프랙탈이며, 우주의 모든 것은 결국 프랙탈 구조로 되어 있다고 할 수 있습니다.

프랙탈은 수학의 아름다움을 설명할 때 예로 사용 하곤 합니다. 또 규칙성의 예로 자주 등장 합니다. 프랙탈의 가장 큰 특징은 이 도형을 작도할 때 재귀적 절차를 사용 한다는 것입니다.

프랙탈을 작도하는 프로그램을 만들기 위해서는 앞 장에서 배운 재귀적 절차를 확실히 이해하고 잘 알고 있어야 합니다. 그리고 어떤 도형이 어떤 규칙으로 반복되는지 분석할 수 있어야 합니다. 하나의 프랙탈 도형을 작도하는 방법은 여러 가지가 있을 수 있습니다. 규칙적으로 반복되는 도형을 어떤 도형으로 선택하느냐에 따라 도형을 그리는 방법과 순서가 달라지겠죠.

1. 시어핀스키 삼각형

시어핀스키 삼각형(Sierpinski triangle)은 대표적인 프랙탈 도형의 하나입니다. 시어핀스키 삼각형은 폴란드의 수학자 바츨라프 시어핀스키(Waclaw Sierpinski, 1882~1969)의 이름을 딴 프랙탈 도형입니다. 주어진 정삼각형의 각 변의 중점을 이으면 합동인 4개의 작은 정삼각형이 만들어지는데, 이때 가운데 있는 정삼각형을 제거하여 3개의 정삼각형만 남깁니다. 남아 있는 3개의 정삼각형에 대해서도 이런 과정을 반복하면 시어핀스키 삼각형을 얻을 수 있습니다.

 방법1

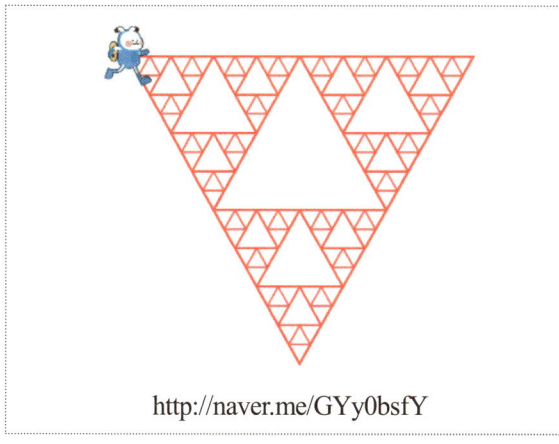

http://naver.me/GYy0bsfY

작도 과정
http://naver.me/GtPgaj8P

어떤 도형이 어떤 규칙으로 반복되는지 잘 관찰해 보세요.

어떤 도형으로 이루어져 있습니까? **정삼각형으로 이루어져 있습니다.**

정삼각형을 기본도형이라고 하고 순서대로 작도를 해 봅시다.

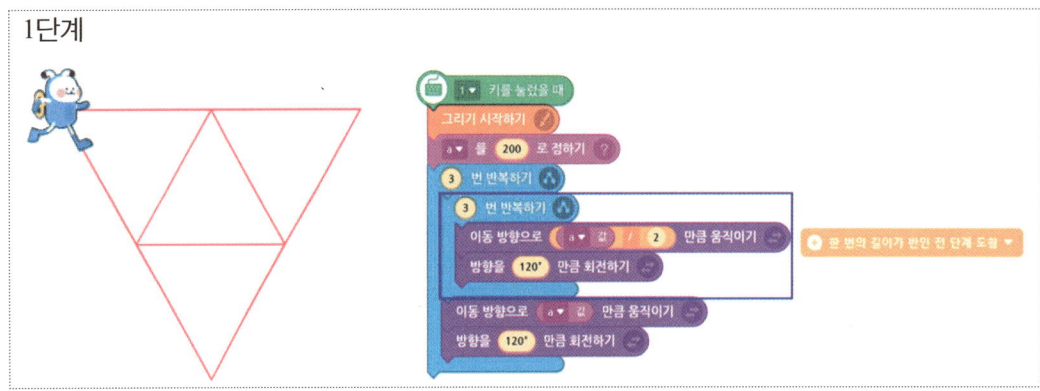

을 그리려면 너무 긴 코드가 만들어지겠죠?

단계가 변할 때 코드가 어떻게 변했는지 잘 살펴보면서 규칙성을 찾아 일반화해 봅시다.

전 단계를 호출하는 과정을 볼 수 있습니다.

이것을 재귀 함수로 정의해 봅시다.

https://goo.gl/RpFGqv

▶ 위의 시어핀스키 삼각형 그림에서 가장 작은 삼각형의 한 변의 길이는 얼마일까요? 12.5입니다. 변의 길이가 10보다 크다는 조건이 있기 때문에 한 변의 길이가 12.5, 25, 50, 100, 200인 5종류의 삼각형이 그려집니다.

재귀적 호출 과정을 이해하기 위하여 조건을 (쉽게) 바꾸어 작도 과정을 찬찬히 살펴봅시다.

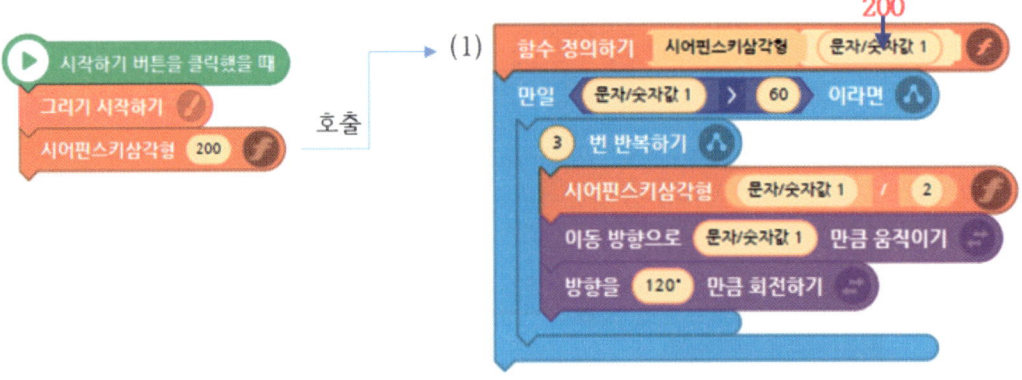

(1) 함수 정의하기 시어핀스키삼각형 문자/숫자값 1 : **200**
만일 문자/숫자값 1 > 60 이라면
　3 번 반복하기
　　시어핀스키삼각형 문자/숫자값 1 / 2
　　이동 방향으로 문자/숫자값 1 만큼 움직이기
　　방향을 120° 만큼 회전하기

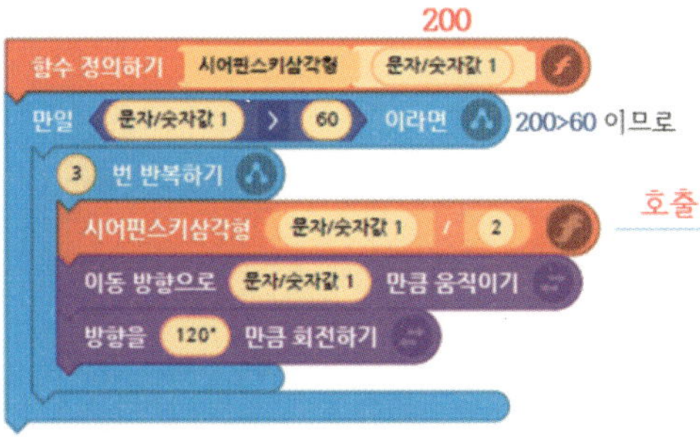

200>60 이므로 호출

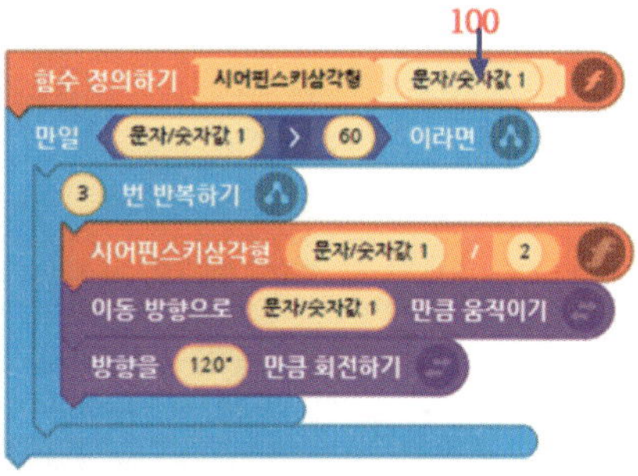

(2) 함수 정의하기 시어핀스키삼각형 문자/숫자값 1 : **100**
만일 문자/숫자값 1 > 60 이라면
　3 번 반복하기
　　시어핀스키삼각형 문자/숫자값 1 / 2
　　이동 방향으로 문자/숫자값 1 만큼 움직이기
　　방향을 120° 만큼 회전하기

(2) 함수 정의하기 시어핀스키삼각형 문자/숫자값 1 : **100**
만일 문자/숫자값 1 > 60 이라면
　3 번 반복하기
　　시어핀스키삼각형 문자/숫자값 1 / 2
　　이동 방향으로 문자/숫자값 1 만큼 움직이기
　　방향을 120° 만큼 회전하기

100>60 이므로 호출

(3) 함수 정의하기 시어핀스키삼각형 문자/숫자값 1 : **50**
만일 문자/숫자값 1 > 60 이라면
　3 번 반복하기
　　시어핀스키삼각형 문자/숫자값 1 / 2
　　이동 방향으로 문자/숫자값 1 만큼 움직이기
　　방향을 120° 만큼 회전하기

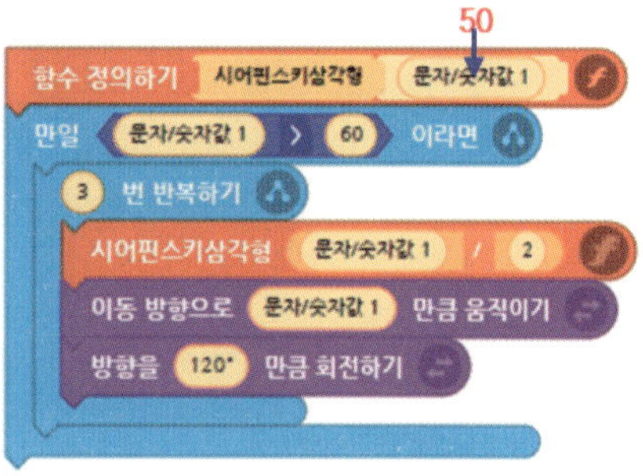

(3) 함수 정의하기 시어핀스키삼각형 문자/숫자값 1 : **50**
만일 문자/숫자값 1 > 60 이라면
　3 번 반복하기
　　시어핀스키삼각형 문자/숫자값 1 / 2
　　이동 방향으로 문자/숫자값 1 만큼 움직이기
　　방향을 120° 만큼 회전하기

50>60 참이 아니므로 실행 안 함

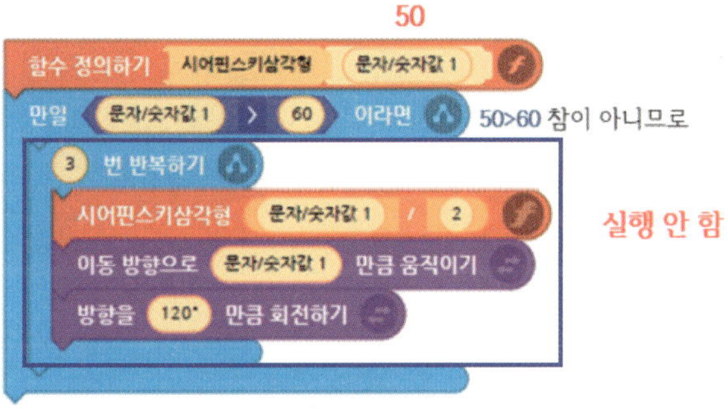

(2)로 이동하면

(2) 함수 정의하기 시어핀스키삼각형 문자/숫자값 1 : **100**
만일 문자/숫자값 1 > 60 이라면
　3 번 반복하기
　　시어핀스키삼각형 문자/숫자값 1 / 2
　　이동 방향으로 문자/숫자값 1 만큼 움직이기
　　방향을 120° 만큼 회전하기

100>60 이므로
(3) 실행 안 함
실행

(2)는 한 변 100인 정삼각형

Chapter 11 프랙탈 도형 그리기

(1)로 이동하여

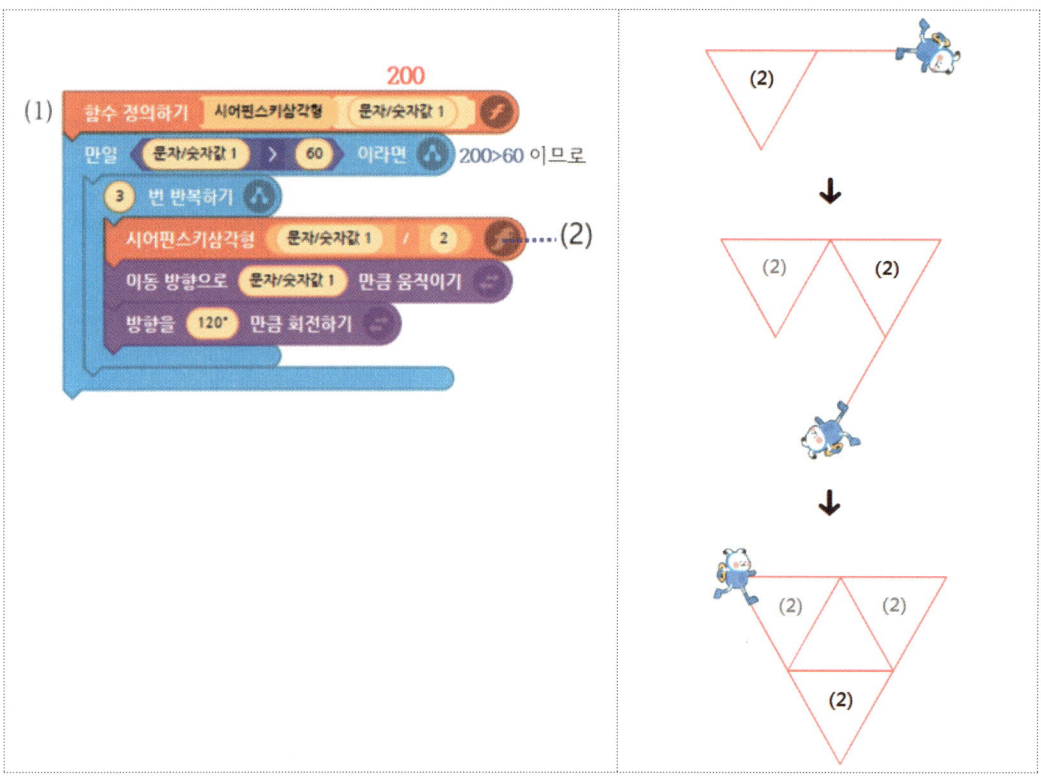

▶ 시어핀스키 삼각형 함수에서 각 숫자가 의미하는 것은 무엇일까요? 숫자를 바꾸어 입력해 보며 탐구해 봅시다.

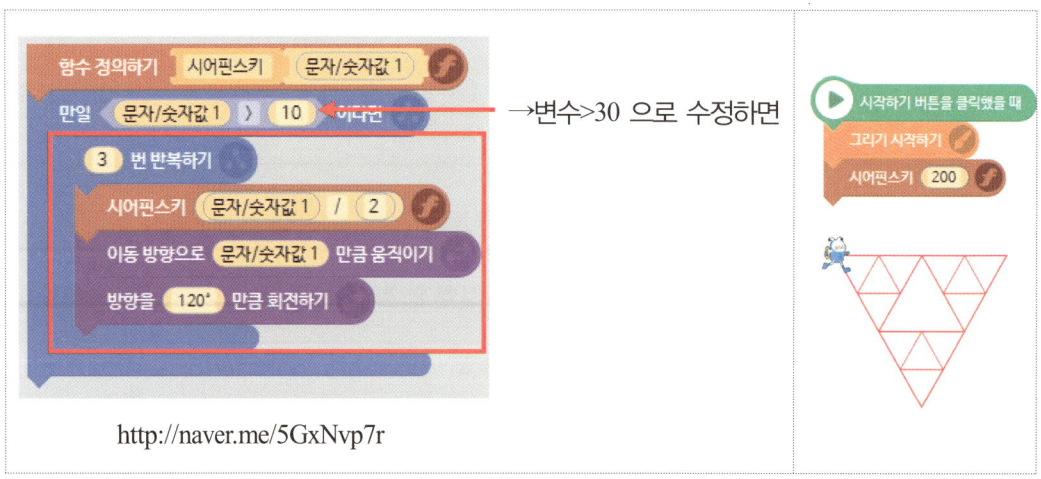

http://naver.me/5GxNvp7r

▶  에서 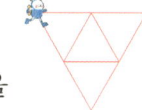 으로 수정하면 가장 작은 삼각형의 한 변의 길이는 얼마일까요?

50입니다. 변의 길이가 30보다 크다는 조건이 있기 때문에 한 변의 길이가 50, 100, 200인 3종류의 삼각형이 그려집니다.

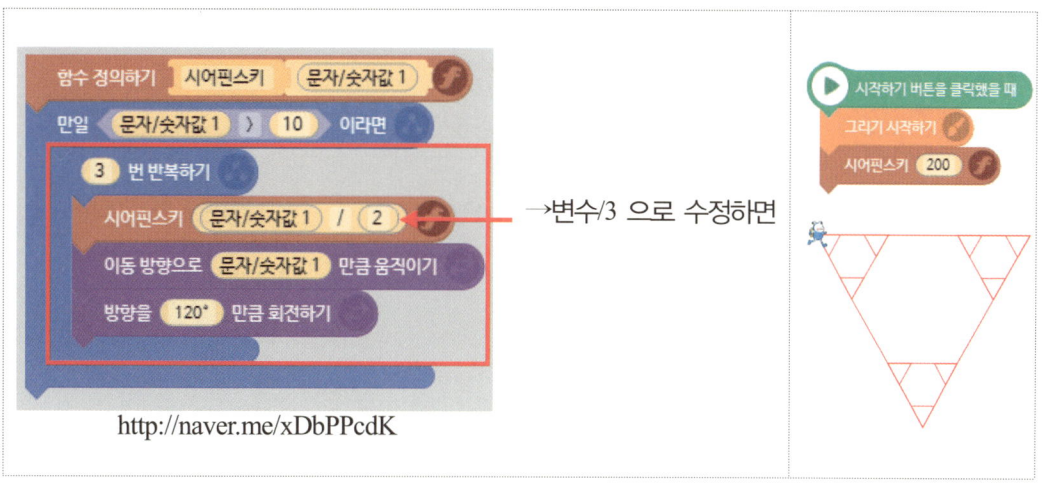

http://naver.me/xDbPPcdK

방법2

기본 도형을 으로 선택한다면 결과는 같지만 작도 방법과 순서는 달라집니다.

http://naver.me/GDe2YyC7

 클릭 후 스페이스 바를 클릭하면 실행됩니다.

1-1. 시어핀스키 삼각형을 응용하여 시어핀스키 다각형을 작도해 봅시다.
http://naver.me/FECpZ3z0

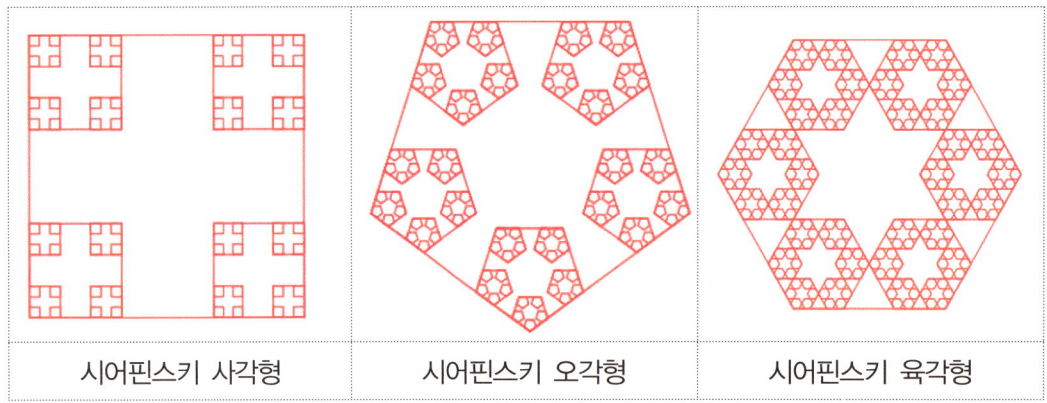

| 시어핀스키 사각형 | 시어핀스키 오각형 | 시어핀스키 육각형 |

1-2. 시어핀스키 카펫

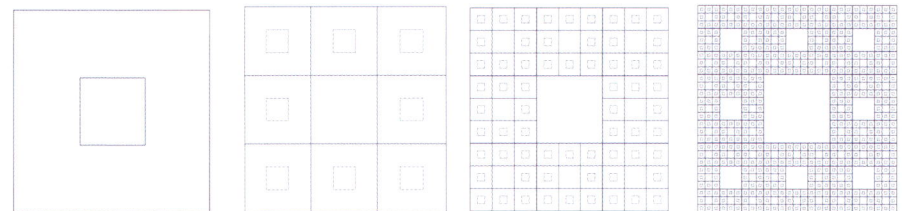

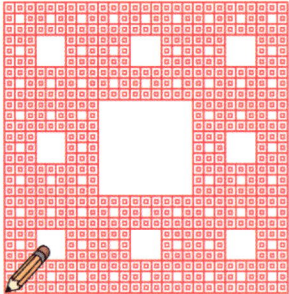

http://naver.me/F3rXKe2X

2. 나무 모양(이진트리)

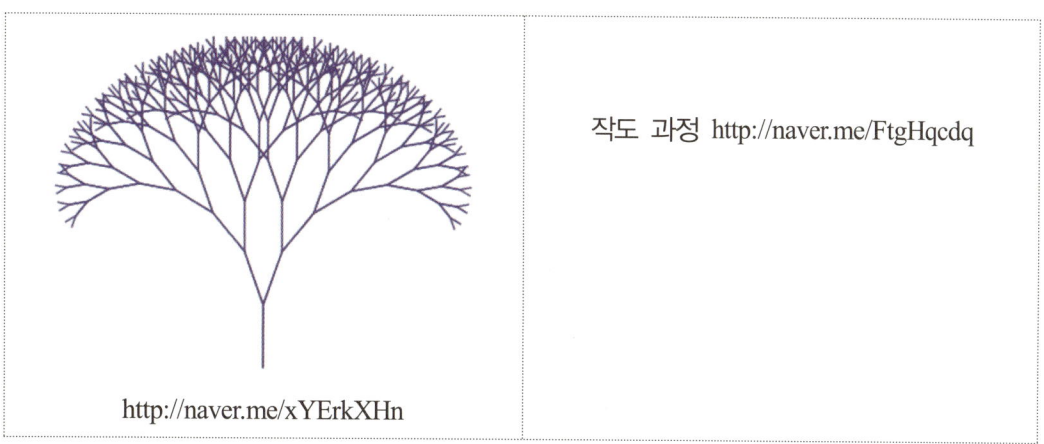

작도 과정 http://naver.me/FtgHqcdq

http://naver.me/xYErkXHn

기본 도형은 무엇인지 생각해 봅시다. **선분으로 이루어져 있습니다.**

순서대로 작도를 해 봅시다.

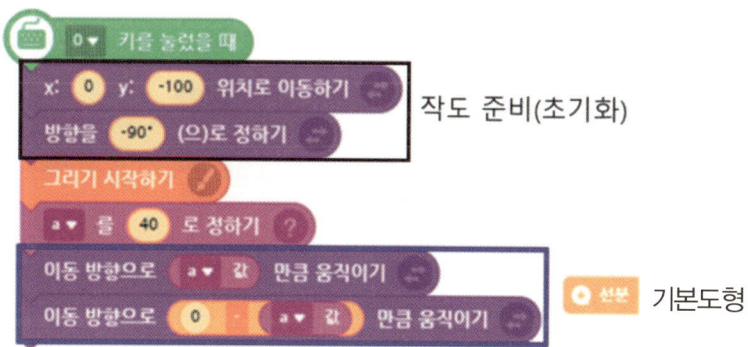

Chapter 11 프랙탈 도형 그리기 **115**

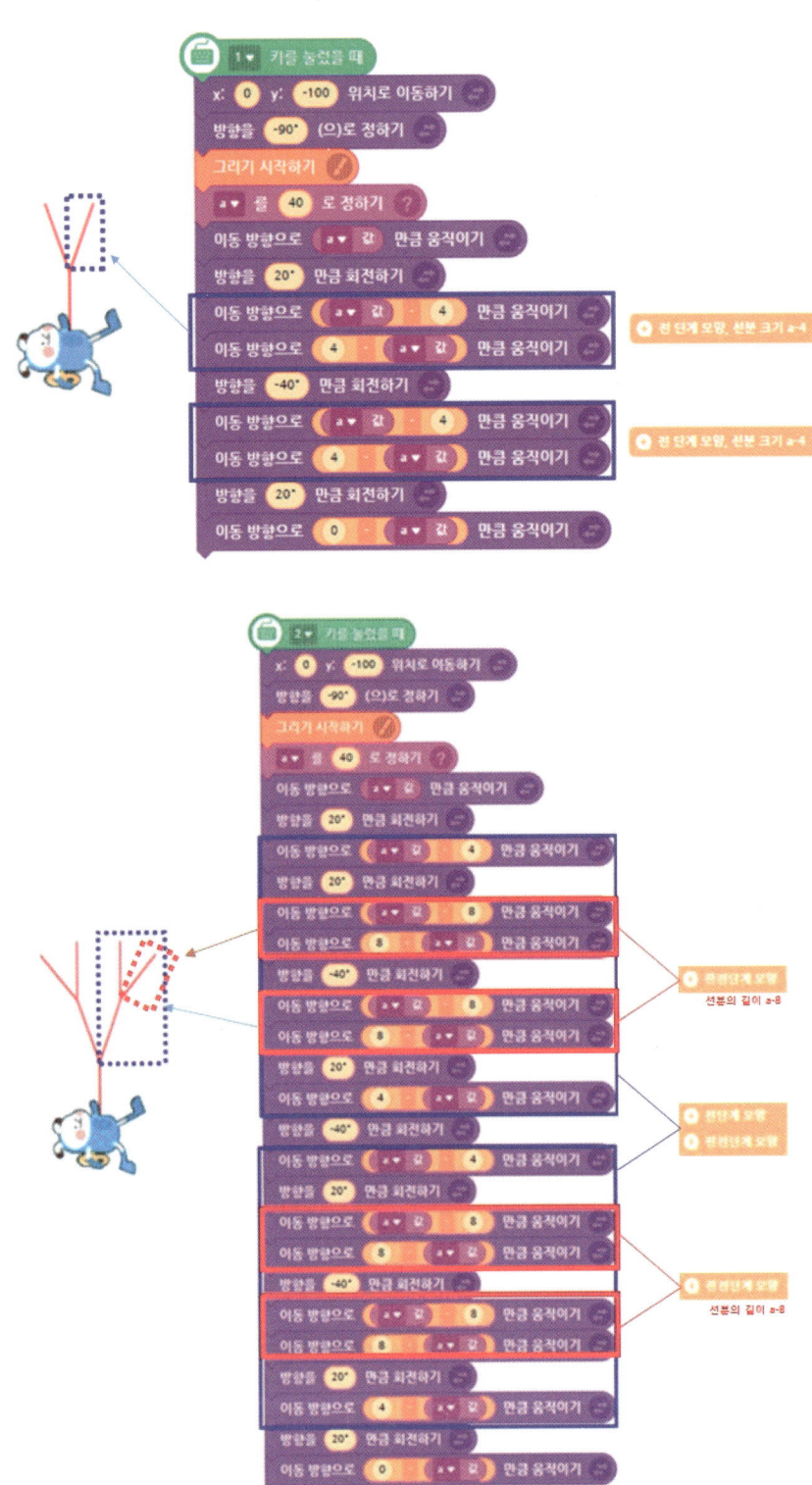

단계가 변할 때 코드가 어떻게 변했는지 잘 살펴보면서 규칙성을 찾아 일반화해 봅시다.

전 단계를 호출하는 과정을
볼 수 있습니다.

이것을 재귀 함수로 정의해 봅시다.

http://naver.me/xYErkXHn

좀 더 발전시켜 좌우 대칭이 아닌 나무 모양을 그려 볼까요?

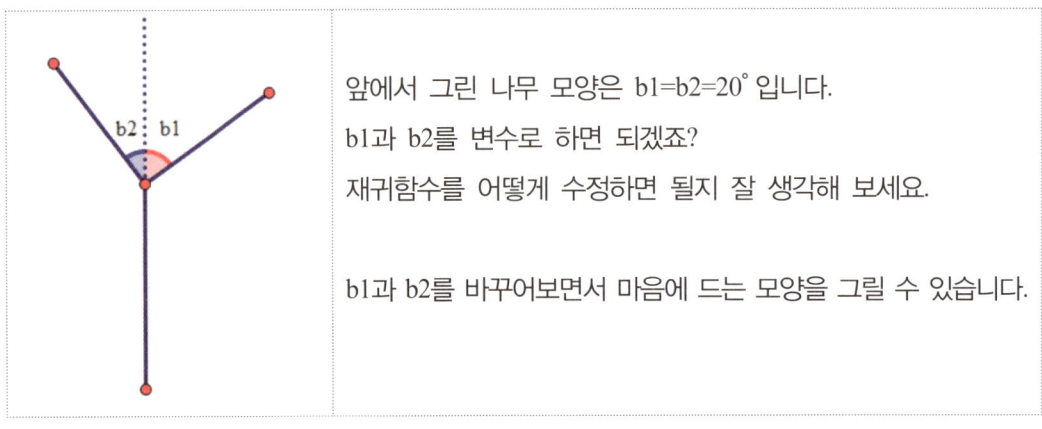

앞에서 그린 나무 모양은 b1=b2=20° 입니다.
b1과 b2를 변수로 하면 되겠죠?
재귀함수를 어떻게 수정하면 될지 잘 생각해 보세요.

b1과 b2를 바꾸어보면서 마음에 드는 모양을 그릴 수 있습니다.

블록들 사이사이에 `0.01 초 기다리기` 을 끼워 넣으면 그림을 그리는 과정을 볼 수 있습니다.

http://naver.me/FfGyECV0

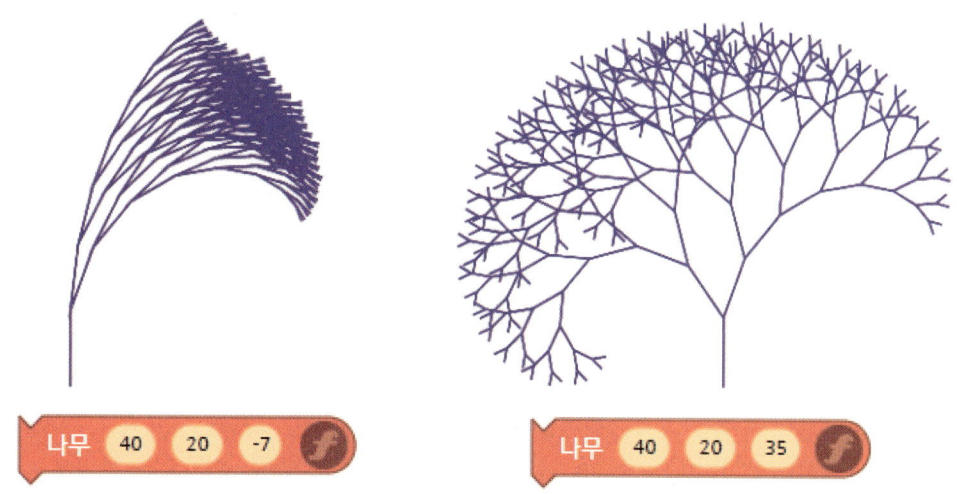

3. 피타고라스나무

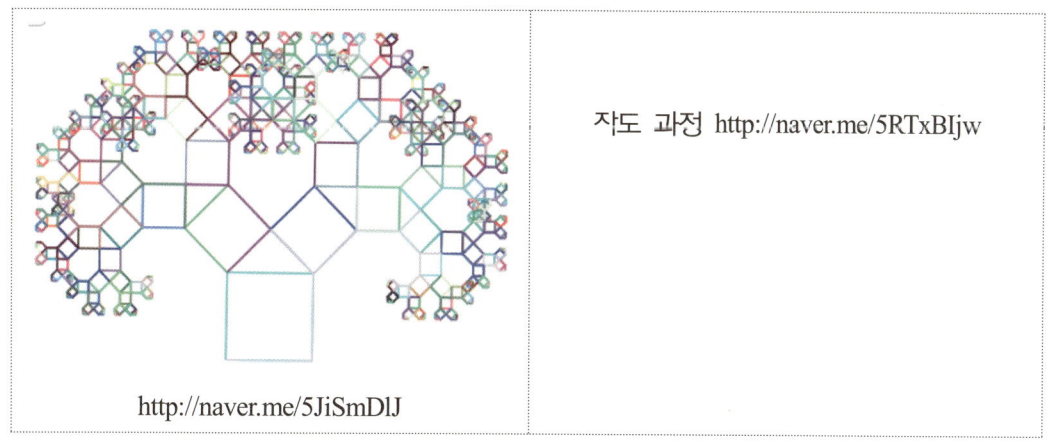

http://naver.me/5JiSmDlJ

자도 과정 http://naver.me/5RTxBIjw

기본 도형은 무엇인지 생각해 봅시다. **정사각형**

순서대로 작도해 봅시다.

0단계-기본 도형

1단계

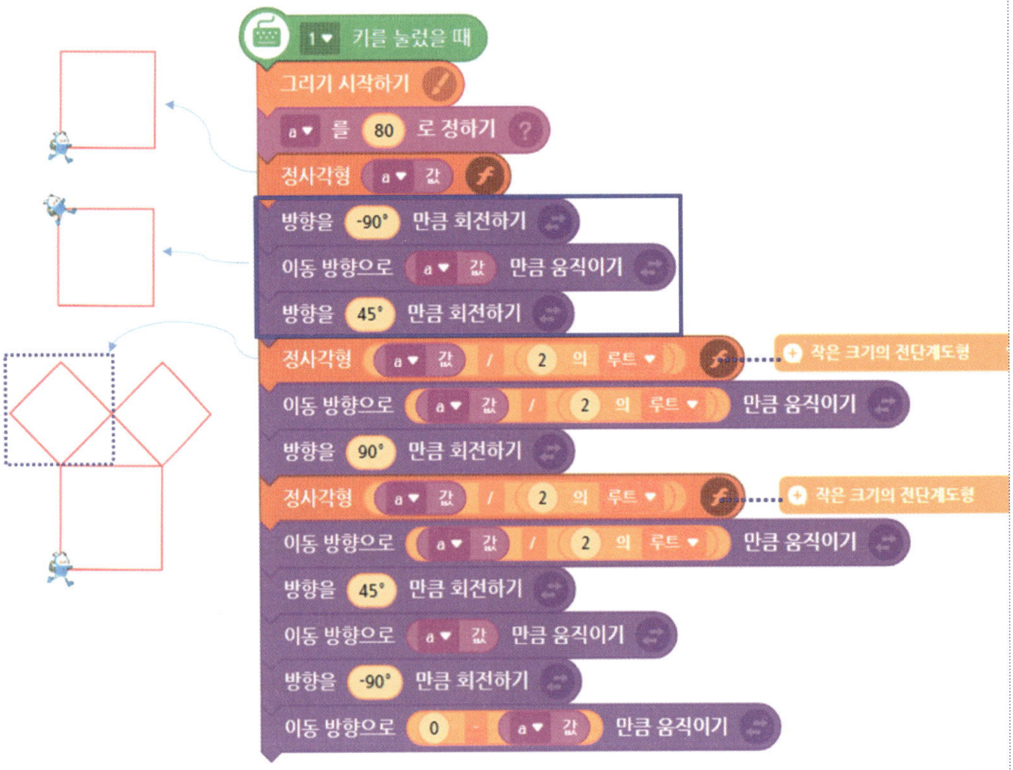

1단계 코드를 '함수 만들기' 해 둡시다. 각 단계 코드를 '함수 만들기' 하여 다음 단계에 사용하면 과정을 한눈에 알아보기 쉽고 재귀함수를 정의할 때 매우 편리합니다.

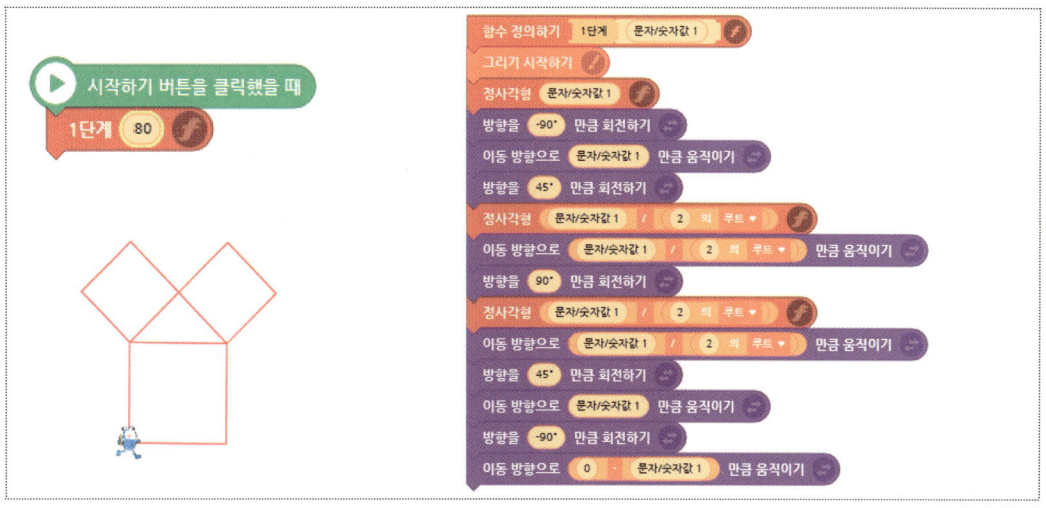

2단계

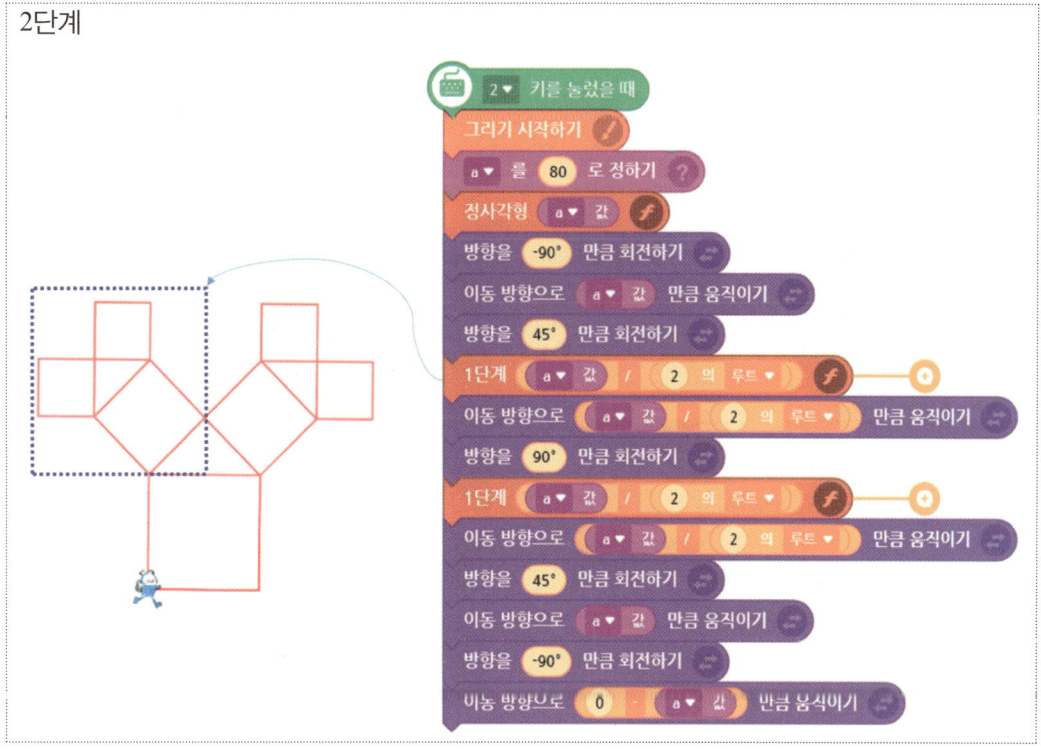

Chapter 11 프랙탈 도형 그리기 121

3단계

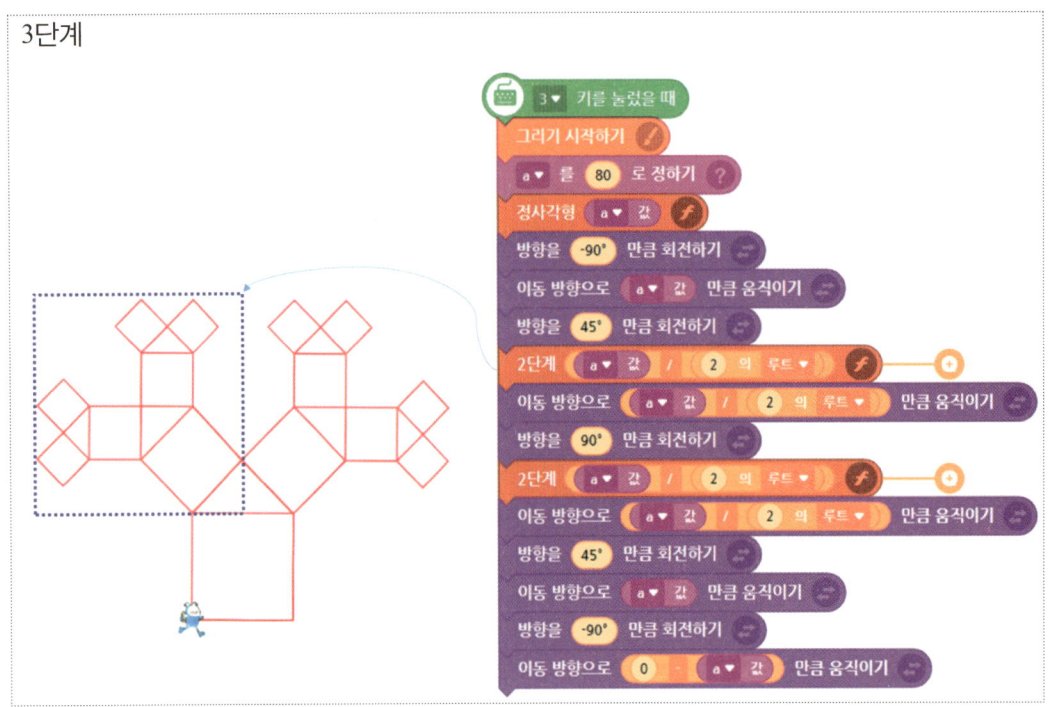

규칙을 찾았습니까? 이 규칙을 이용하여 재귀함수를 정의합니다.

재귀함수의 호출 과정 절차를 살펴보기 위해 조건을 문자/숫자값 1 > 60 으로 조절하고 실행 과정을 찬찬히 따져봅시다.

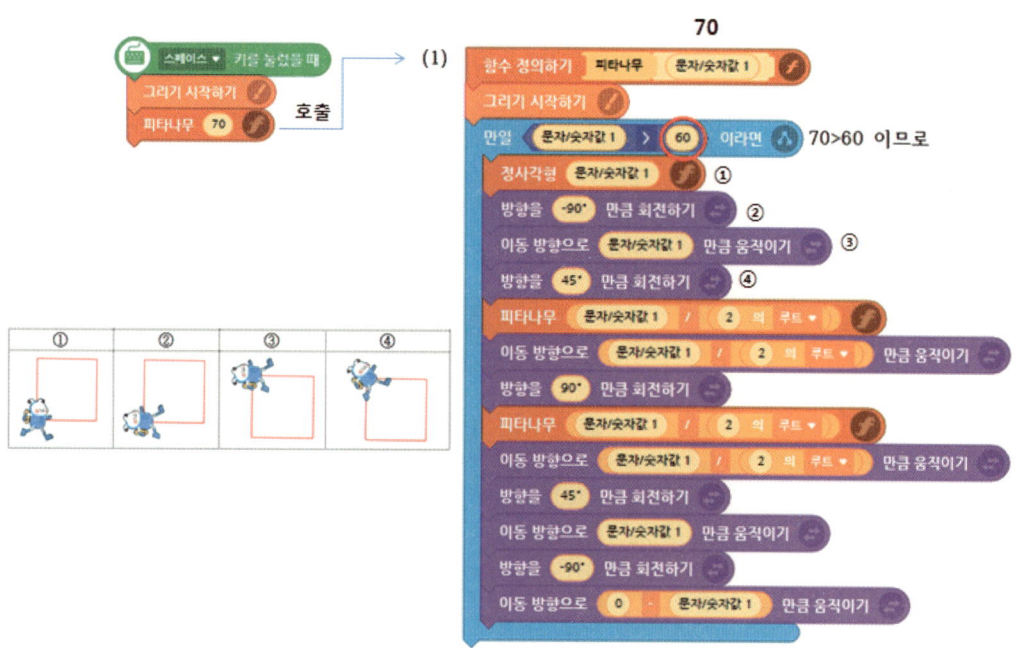

Chapter 11 프랙탈 도형 그리기 123

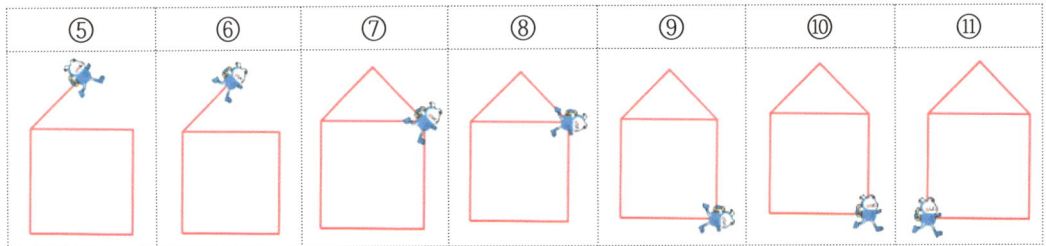

이번엔 조건을 다시 바꾸고 재귀함수의 호출 과정 절차를 살펴봅시다.

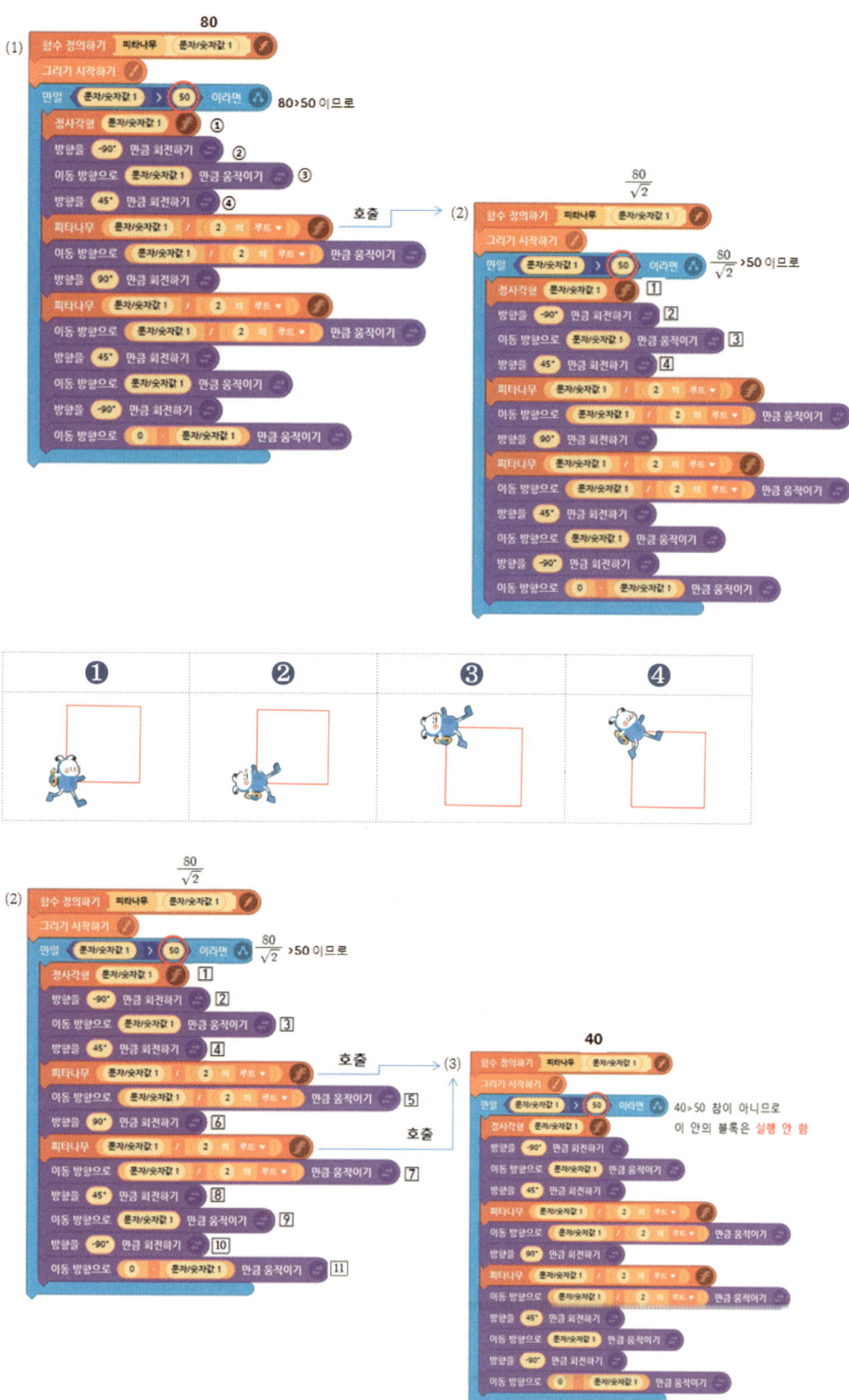

Chapter 11 프랙탈 도형 그리기

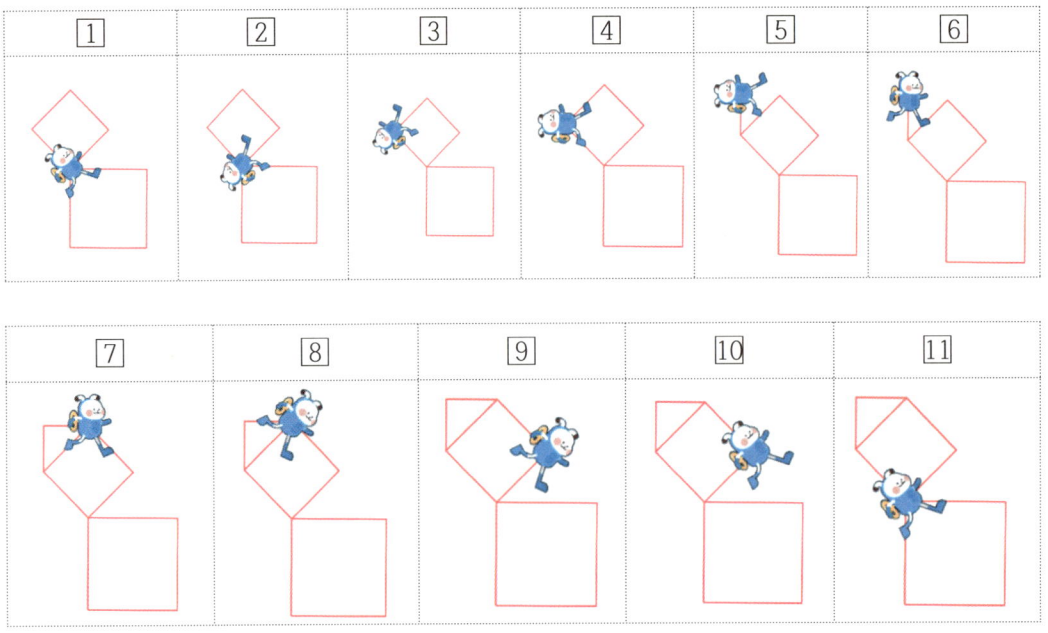

(2)를 마치고 (1)⑤로 돌아가기

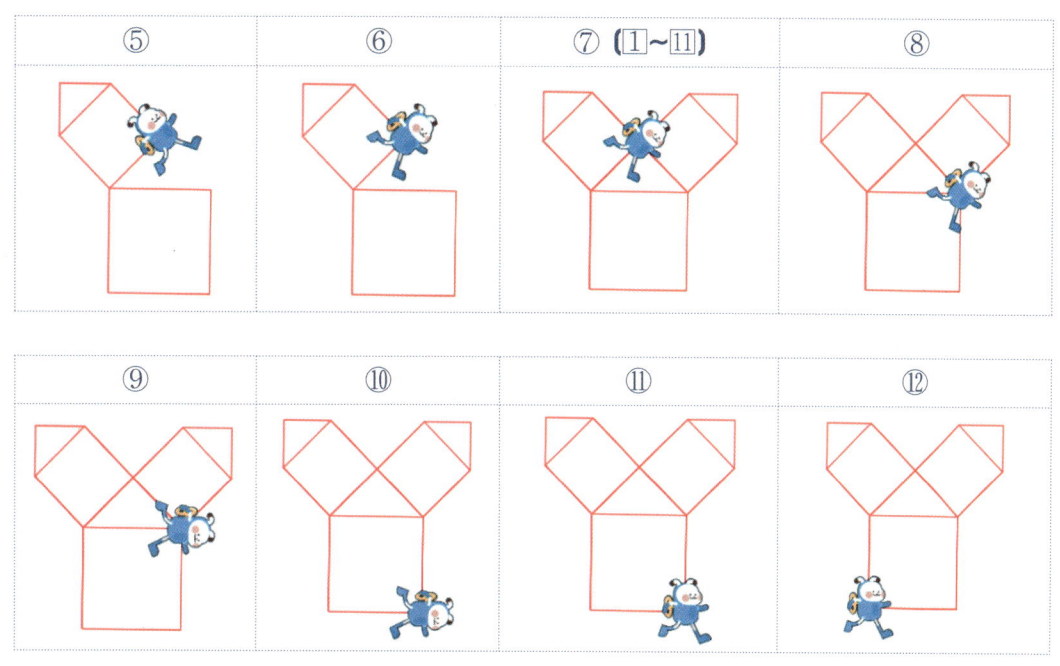

4. 코흐곡선

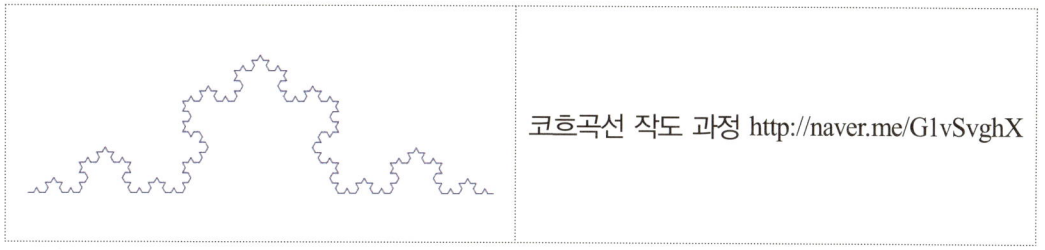

코흐곡선 작도 과정 http://naver.me/G1vSvghX

기본 도형은 무엇인지 생각해 봅시다. **선분**

Chapter 11 프랙탈 도형 그리기

단계별로 작도과정을 코딩해 봅시다.

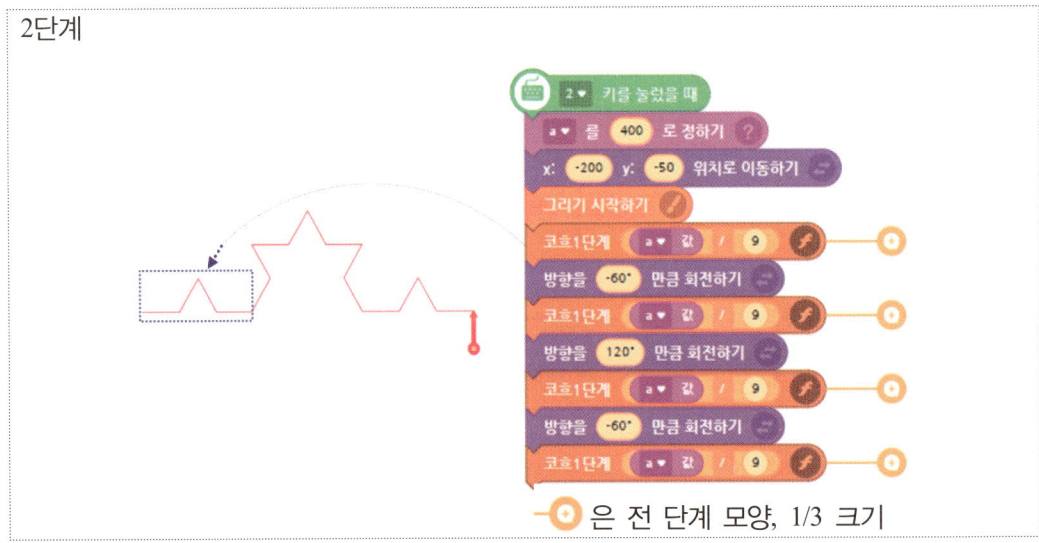

단계가 변할 때 코드가 어떻게 변했는지 잘 살펴보면서 규칙성을 찾아 일반화 해보고 재귀 함수로 정의해 봅시다.

http://naver.me/GbKFKojQ

코흐곡선을 응용하면 다양한 프랙탈 도형을 작도할 수 있습니다.

http://naver.me/GbKFxv5A

재귀적 절차를 이용하면 다양한 프랙탈 도형을 작도할 수 있습니다.

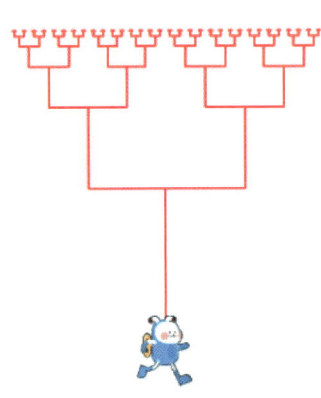

http://naver.me/F4xdNBtx

http://naver.me/GewRF2pX

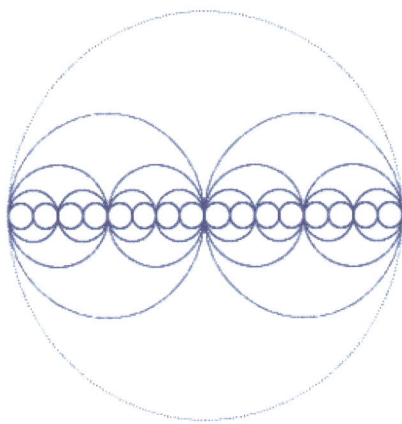

http://naver.me/xqxPQgBz

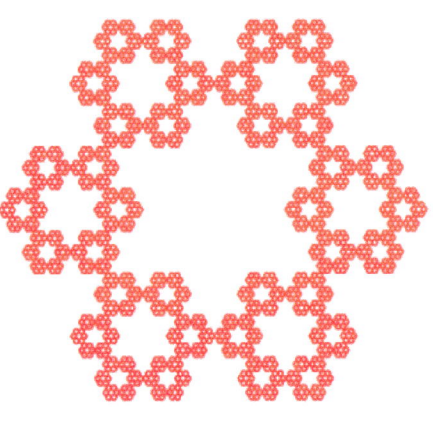

http://naver.me/GwFXRLS2

http://naver.me/FGmjhnXM

CHAPTER 12 계산박사

> **학습 내용!**
>
> - 엔트리 - 계산블록, 계산식 입력
> - 수학 - 직사각형의 둘레와 넓이, 평행사변형의 넓이, 삼각형의 넓이(5-1-5다각형의 넓이) 올림, 버림(개정전4-2-4어림하기), 반올림(6-1-3소수의 나눗셈), 루트, 사칙연산, 원주, 원의 넓이(6-1-5원의 넓이) 제곱과 제곱근(루트)

장면1 : '지름'을 입력하면 엔트리봇이 '원주의 길이'를 알려줍니다.

> **학생에게 발문 & 권고**
>
> - 변수가 몇 개 필요합니까? 1개
> - 변수가 한 개인 경우 `대답` 변수를 활용할 수 있습니다. 그러나 변수의 이름을 정하고 싶다면 변수를 만들어 사용합니다.
> - 원주의 길이를 구하는 공식을 알고 있습니까? (원주율: 3.14) **원주=지름×3.14**

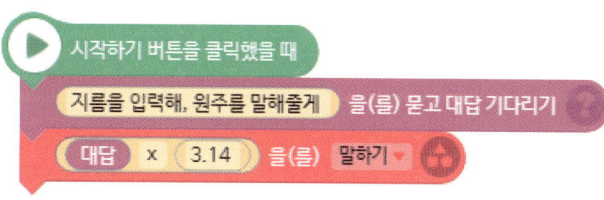

http://naver.me/GXNblPik

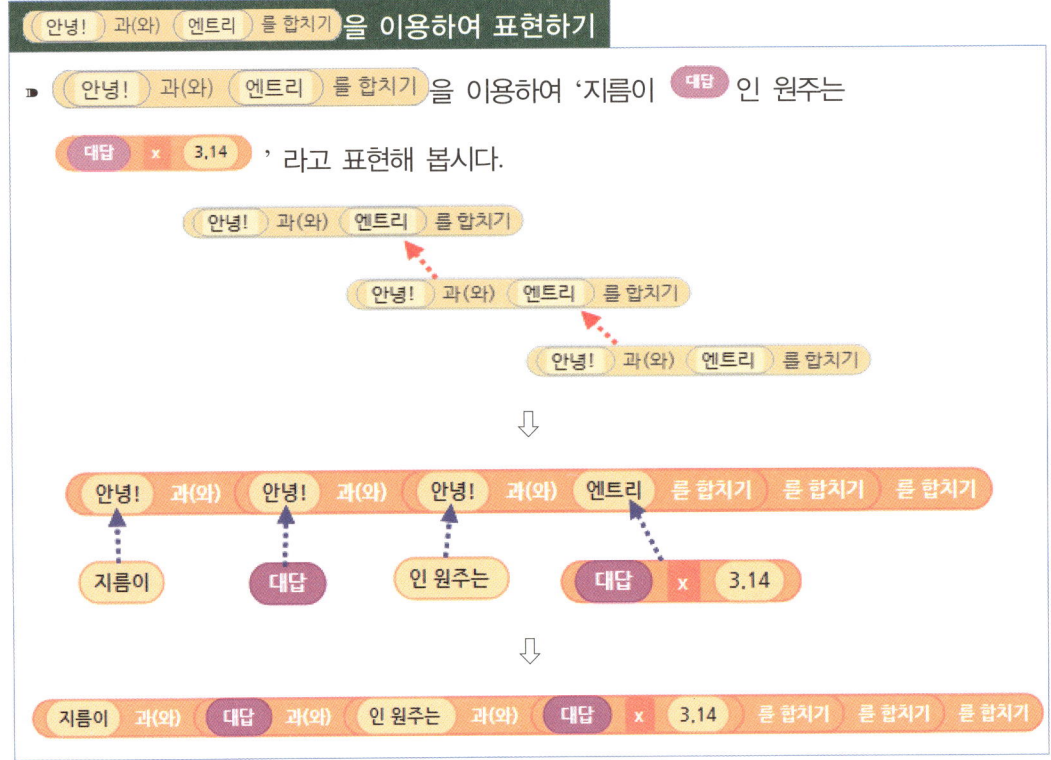

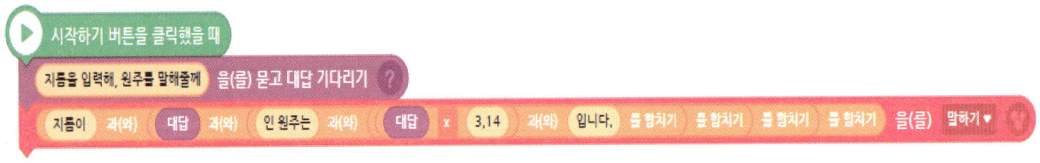

http://naver.me/5bGnmE0P

10 입력 ⇨

| 장면2 : '반지름'을 입력하면 엔트리봇이 '원의 넓이'를 말합니다. |

학생에게 발문 & 권고

- 변수가 몇 개 필요합니까? 1개
- 원의 넓이를 구하는 공식을 알고 있습니까? 원의 넓이=반지름×반지름×3.14
- 반지름= 대답 을 사용하여 계산 블록으로 나타내보세요. 대답 × 대답 × 3.14

https://goo.gl/cJcVAx

블록 Tip

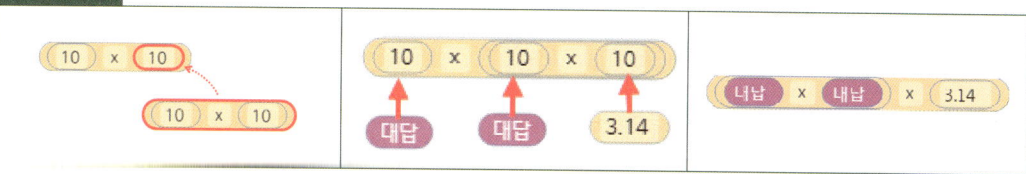

장면3 : '두 수'를 입력하면 엔트리봇이 '두 수의 합'을 말합니다.

학생에게 발문 & 권고

- 변수가 몇 개 필요합니까? **2개**
- 두 수의 합을 구할 블록을 찾아봅시다.

우선 두 개의 변수가 필요합니다. 변수 만들기 로 변수 a와 b를 만듭니다.

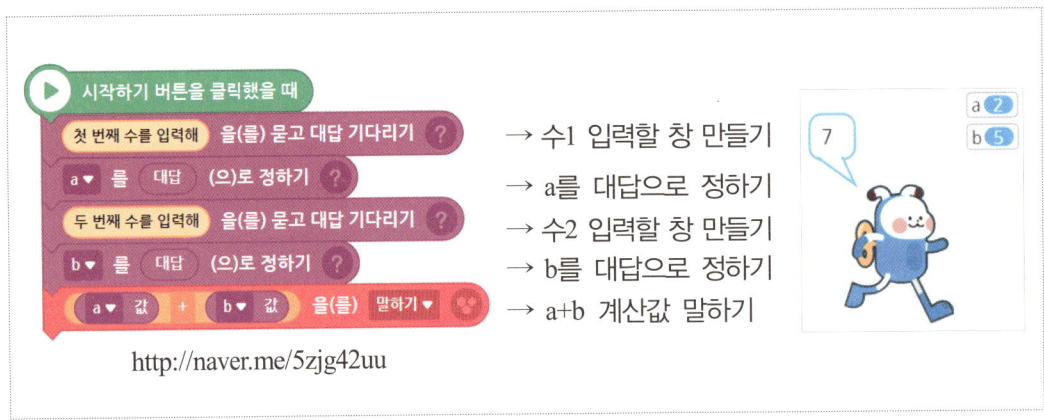

→ 수1 입력할 창 만들기
→ a를 대답으로 정하기
→ 수2 입력할 창 만들기
→ b를 대답으로 정하기
→ a+b 계산값 말하기

http://naver.me/5zjg42uu

블록 Tip

두 변수 중 필요한 변수를 선택합니다.

http://naver.me/FsPeJKKL

| 장면4 : '가로의 길이'와 '세로의 길이'를 입력하면 엔트리봇이 '직사각형의 넓이'를 말합니다. |

학생에게 발문 & 권고

- 변수가 몇 개 필요합니까? 2개
- 직사각형의 넓이를 구하는 공식을 알고 있습니까?

    직사각형의 넓이 = 가로의 길이×세로의 길이

https://goo.gl/759Fip

연 습 문 제

▶ 가로, 세로, 높이를 입력하면 직육면체의 겉넓이와 부피를 알려주도록 코딩해 보세요.

장면5 : 두 수(a, b)를 입력하면 a÷b의 몫과 나머지를 알려줍니다.

학생에게 발문 & 권고

▶ 변수가 몇 개 필요합니까? 2개

▶ a÷b의 몫과 나머지를 계산하는 블록을 찾아봅시다.

http://naver.me/IGv5bZxT

| 장면6 : '정사각형의 넓이'를 입력하면 엔트리봇이 정사각형의 '한 변의 길이'를 말해줍니다. |

학생에게 발문 & 권고

- 한 변의 길이를 알면 정사각형의 넓이를 구할 수 있습니까? 네
- 정사각형의 넓이 구하는 공식을 말해 보세요. **정사각형의 넓이=한 변의 길이×한 변의 길이**
- •정사각형의 넓이가 16 이면 한 변의 길이는 얼마일까요? 4
  •정사각형의 넓이가 25 이면 한 변의 길이는 얼마일까요? 5
  •정사각형의 넓이가 10 이면 한 변의 길이는 얼마일까요?
   음.... 3보다는 크고 4보다는 작습니다.

제곱과 루트

어떤 수를 두 번 곱한 값을 제곱이라고 합니다.
$2 \times 2 = 2^2$, $a \times a = a^2$ 으로 나타냅니다.

한편 제곱하여 x가 되는 수를 x의 제곱근이라고 합니다.

$3 \times 3 = 9$ 이므로 9는 3의 제곱이고, 3은 9의 제곱근입니다.
(✽ 중학교에서 음수를 배우게 되면 (-3)도 9의 제곱근이라는 것을 알게 될 것입니다.)

제곱근을 나타내기 위하여 $\sqrt{}$ 을 사용합니다.
$\sqrt{9}$ 를 '루트 9' 라고 읽습니다. $\sqrt{9}=3$, $\sqrt{25}=5$ 입니다.

학생에게 발문 & 권고

- 루트36은 얼마입니까? 6
- 루트25는 얼마입니까? 5
- 루트10의 정확한 값을 알 수 있습니까? ?

▸ 루트10의 값을 계산해주는 블록을 [계산] 에서 찾아봅시다.

블록 Tip

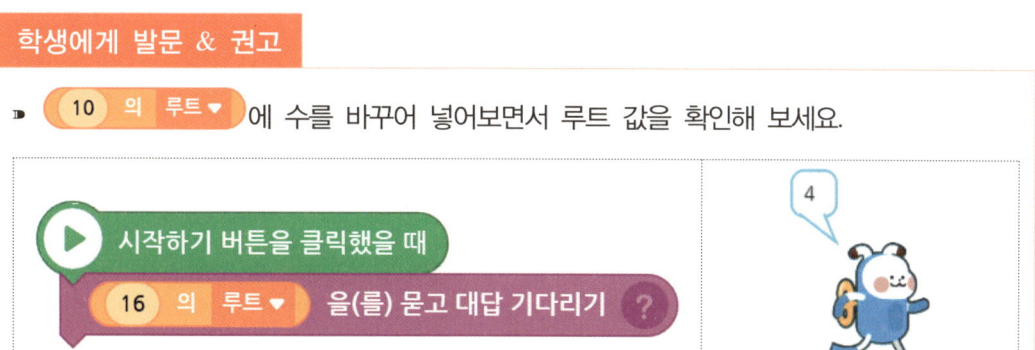

https://goo.gl/T12VWd

장면7 : 씨름 대회에 참가하려고 합니다. 씨름 대회에 출전할 때는 몸무게별 체급이 정해져 있습니다. 몸무게를 입력하면 엔트리봇이 체급을 말해 줍니다.

몸무게별 체급(단위: kg)	
40 이하	경장급
40 초과 45 이하	소장급
45 초과 50 이하	청장급
50 초과 55 이하	용장급
55 초과 60 이하	용사급
60 초과 70 이하	역사급
70 초과 90 이하	장사급

학생에게 발문 & 권고

- 엔트리봇이 해야 할 일은 무엇입니까? **체급을 알려주는 일입니다.**
- 체급은 몇 가지로 나누어집니까? **7가지 체급이 있습니다.**
- 40이하를 표현할 수 있는 블록을 찾아 식으로 나타내 보세요.
- 45초과 50이하를 한 개의 블록으로 표현할 수 없습니다. 블록을 찾아 표현해 보세요.

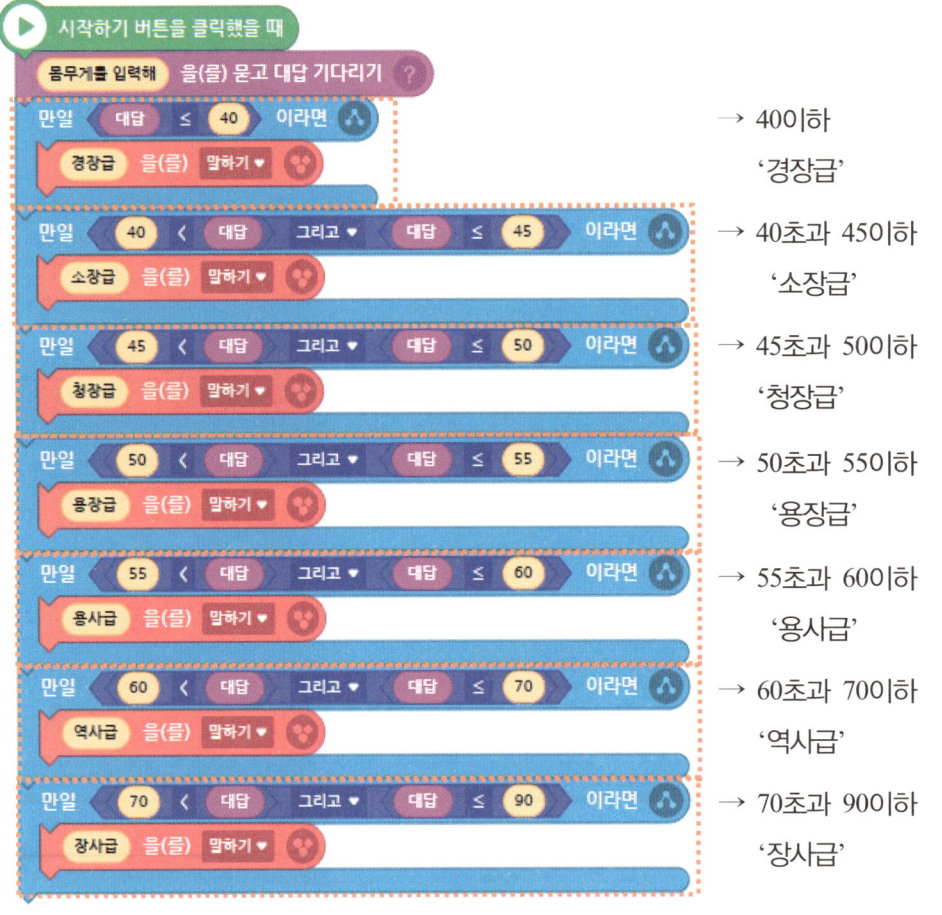

→ 40이하
  '경장급'

→ 40초과 45이하
  '소장급'

→ 45초과 50이하
  '청장급'

→ 50초과 55이하
  '용장급'

→ 55초과 60이하
  '용사급'

→ 60초과 70이하
  '역사급'

→ 70초과 90이하
  '장사급'

https://goo.gl/J8NaW4

장면8 : '두 수'를 입력하면 엔트리봇이 두 수 중 큰 수를 말합니다.

학생에게 발문 & 권고

- 두 수를 입력할 창이 필요합니다. 필요한 블록은 무엇입니까? `안녕! 을(를) 묻고 대답 기다리기`

- `변수 만들기` 로 2개의 변수를 만듭니다.

- 두 수 중 큰 수를 말해야 합니다. 만일 두 수가 같다면 어떻게 해야 할까요?
  두 수가 같다면 둘 중 하나를 말하면 됩니다.

- '30은 20보다 크거나 같다.'를 `판단` 블록에서 찾아 식으로 표현해 보세요.

  `30 ≥ 20`

먼저 `변수 만들기` 로 두 개의 변수(변수 이름: 수1, 수2)를 만듭니다.

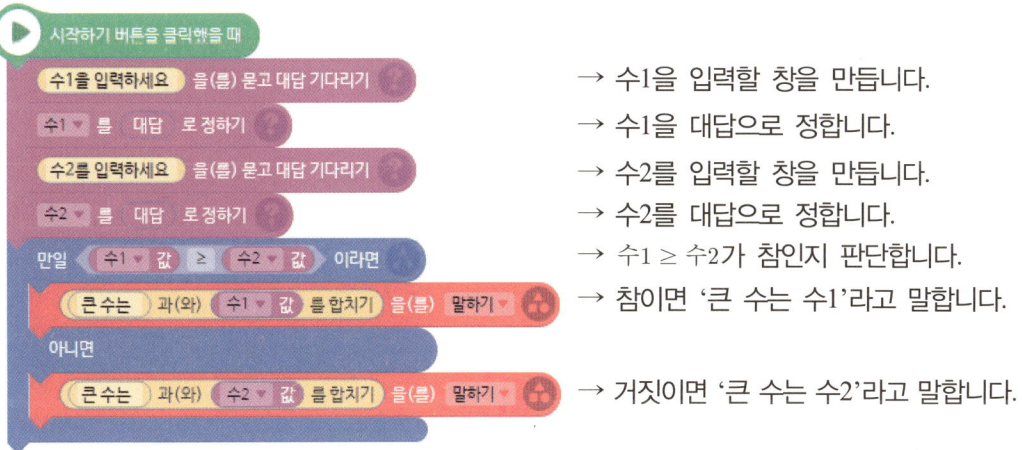

→ 수1을 입력할 창을 만듭니다.
→ 수1을 대답으로 정합니다.
→ 수2를 입력할 창을 만듭니다.
→ 수2를 대답으로 정합니다.
→ 수1 ≥ 수2가 참인지 판단합니다.
→ 참이면 '큰 수는 수1'라고 말합니다.
→ 거짓이면 '큰 수는 수2'라고 말합니다.

https://goo.gl/7ch78q

> 장면9 : 선물 상자 1개를 포장하는데 끈 50cm가 필요합니다.
> '끈의 길이'를 입력하면 엔트리봇이 '포장할 수 있는 선물 상자의 개수'를 말해줍니다.

학생에게 발문 & 권고

- 선물 상자 1개를 포장하는데 끈 몇 cm가 필요합니까? 50cm
- 포장할 수 있는 선물 상자의 개수를 구할 식을 써 보세요. (끈의 길이)÷50
- 나눗셈을 한 결과를 가지고 포장할 수 있는 선물 상자 개수를 말해 보세요.
    - 나누어떨어질 때는 몫이 포장할 수 있는 선물 상자의 개수입니다.
    - 나누어떨어지지 않을 때도 몫이 포장할 수 있는 선물 상자의 개수입니다. 나머지의 끈으로는 포장할 수 없기 때문입니다.

④ 포장할 수 있는 선물 상자의 개수를 끈의 길이를 이용한 식으로 나타내 보세요.
  포장할 선물 상자의 개수=(끈의 길이÷50)의 몫

먼저 끈의 길이를 담을 변수(변수 이름: 끈길이)를 만듭니다.

https://goo.gl/pKb4yk

학생에게 발문 & 권고

▶ 포장할 수 있는 선물상자의 개수를 구하는 나눗셈 식과 답의 특징을 말해 보세요.

나눗셈 결과 소수점 부분은 버립니다.

▶ `10 의 제곱 ▼` 에서 소수점 부분은 버림 하여 계산해주는 블록을 찾아봅시다.

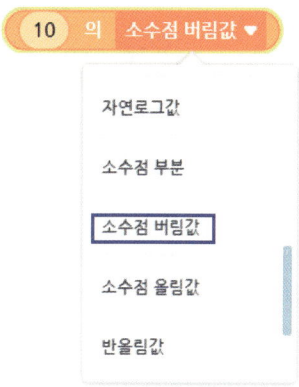

블록 Tip

`계산 | 10 의 소수점 버림값 ▼` 입력한 수의 일의 자리 미만을 버림하여 계산합니다.

`10 의 소수점 버림값 ▼` 에 수를 바꾸어 넣고 '소수점 버림값'이 어떻게 나오는지 확인 해보세요.

Chapter 12 계산박사

http://naver.me/5X54iwuM

연 습 문 제

양계장에서는 매일 아침 달걀을 모아서 한 판에 30개씩 담아 판매합니다.
달걀의 수를 입력하면 판매할 달걀판의 개수를 알려줍니다.

 방법1 나눗셈의 몫을 이용하여 구하는 방법

http://naver.me/5mO5akMR

방법2 소수점 버림값을 이용하여 구하는 방법

```
시작하기 버튼을 클릭했을 때
달걀 개수를 입력해 을(를) 묻고 대답 기다리기
판매할 달걀판의 개수는 과(와) ( 대답 / 30 )의 소수점 버림값 ▼ 를 합치기 을(를) 말하기 ▼
```

https://goo.gl/4s1nLz

장면10 : 농장에서 사과를 수확하여 모두 트럭에 실으려고 합니다. 트럭 1대에 100상자씩 실을 수 있습니다. 수확한 사과의 수를 입력하면 엔트리봇이 트럭의 수를 말해줍니다.

학생에게 발문 & 권고

- 한 대의 트럭에 싣는 사과 상자는 몇 상자 입니까? **100상자**
- 트럭의 수를 구하기 위하여 필요한 식을 써 보세요. **트럭의 수=(사과의 수)÷100**
- 나눗셈을 한 결과를 가지고 트럭의 수를 말해 보세요.
    - **나누어떨어질 때는 몫이 필요한 트럭의 수입니다.**
    - **나누어떨어지지 않을 때는 (몫+1)이 필요한 트럭의 수입니다.**

    나머지를 실을 트럭이 한 대 필요하기 때문입니다.

사과 상자가 300개일 때	사과 상자가 275개일 때
⇓	⇓
나누어떨어짐	나누어떨어지지 않음
300÷100 =3 (3대)	275÷100 = 2.75 (3대) (나머지를 실을 트럭이 필요)

- 사과의 수를 n이라고 할 때 트럭의 수를 n을 이용한 식으로 나타내 보세요.
    - (n÷100)의 나머지=0 이면 ➜ **트럭의 수=(n÷100)의 몫**
    - (n÷100)의 나머지=0 이 아니면 ➜ **트럭의 수=(n÷100)의 몫+1**

http://naver.me/G352WGaG

http://naver.me/5YJQZ6jY

블록 Tip

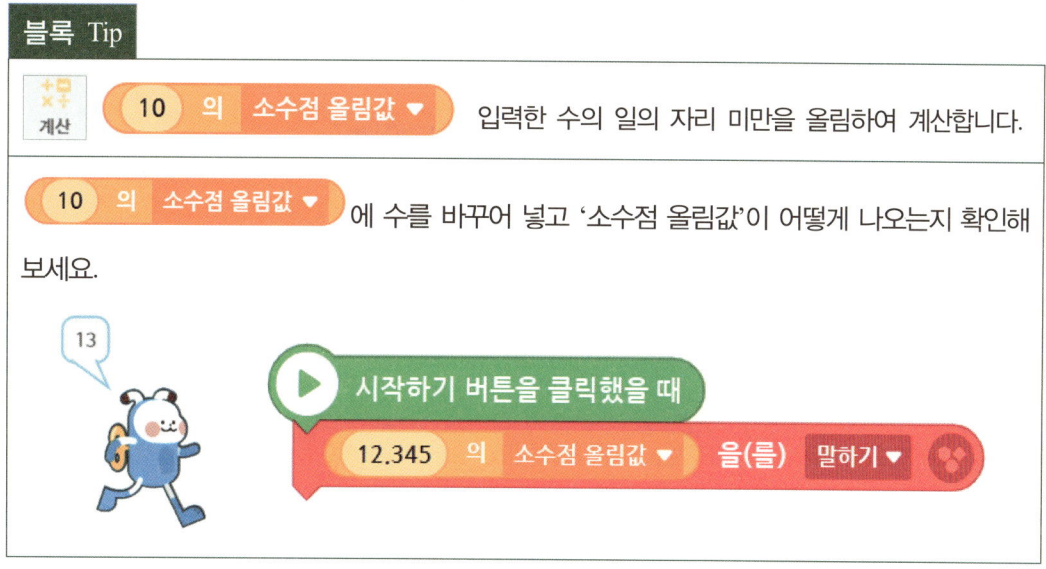

Chapter 12 계산박사 **147**

연 습 문 제

윤지네가 운영하는 게스트하우스는 한 객실에 4명씩 묵습니다. 손님을 맞이하기 위하여 오늘은 몇 개의 객실을 준비해야 할까요?

날마다 '예약한 손님 수'를 입력하면 엔트리봇이 '준비할 객실의 수'를 말해줍니다.

방법1 나눗셈의 몫과 나머지를 이용하여 구하는 방법

http://naver.me/5bGjWx5I

방법2 소수점 올림값을 이용하여 구하는 방법

https://goo.gl/w1PL2J

블록 Tip

`10 의 소수점 올림값▼` 은 입력한 수의 일의 자리 미만을 올림하여 계산해 줍니다.

`10 의 소수점 버림값▼` 은 입력한 수의 일의 자리 미만을 버림하여 계산해 줍니다.

코딩 개념

두 개 이상의 변수가 필요할 때는 `변수 만들기` 로 변수를 만들어야 합니다.

`■▼ 를 대답 로 정하기` 로 각각의 `대답` 을 구별해 줍니다.

TIP

A 초과 B 이하

부등식으로 나타내면 `A < 대답 ≤ B` 로 나타낼 수 있습니다.

엔트리 블록으로 나타내면 `10 < 10` `참 그리고▼ 참`

`10 ≤ 10` 을 이용하여 다음과 같이 나타낼 수 있습니다.

`A < 대답 그리고▼ 대답 ≤ B`

씨름 선수의 몸무게별 체급처럼 여러 개의 범위로 나눌 때에는 `만일 참 (이)라면` 을 여러 개 사용하여 코딩합니다.

| 교과서 들여다보기 | 개정전 4-2 4단원 어림하기 |

버림

23540을 백의 자리까지 나타내기 위하여 백의 자리 미만인 40을 0으로 보고 23500으로 나타낼 수 있습니다. 이와 같이 구하려는 자리 미만의 수를 버려서 나타내는 방법을 버림이라고 합니다.

23540은 백의 자리 미만을 버림하면 23500, 천의 자리 미만을 버림하면 23000이 됩니다.

올림

204를 십의 자리까지 나타내기 위하여 일의 자리 숫자 4를 10으로 보고 210으로 나타낼 수 있습니다. 이와 같이 구하려는 자리 미만의 수를 올려서 나타내는 방법을 올림이라고 합니다.

204는 십의 자리 미만을 올림하면 210, 백의 자리 미만을 올림하면 300이 됩니다.

| 교과서 들여다보기 | 5-1 5단원 다각형의 넓이 |

직사각형의 넓이 구하기

(직사각형의 넓이) = (가로)×(세로)

| 교과서 들여다보기 | 수학 6-1 5단원 원의 넓이 |

원주 구하는 방법

원의 둘레를 원둘레 또는 원주라고 합니다.
또 원주의 길이를 간단히 원주라고도 합니다.
원의 크기와 관계없이 지름에 대한 원주의 비는 일정합니다. 이 비의 값을 원주율이라고 합니다.

(원주율)=(원주)÷(지름)

원주율을 소수로 나타내면 3.1414926535897932… 와 같이 끝없이 써야 합니다.

(원주)=(지름)×(원주율)

원의 넓이 구하는 방법

원의 넓이를 구해봅시다. 원을 한없이 잘게 잘라 붙이면 직사각형이 됩니다.

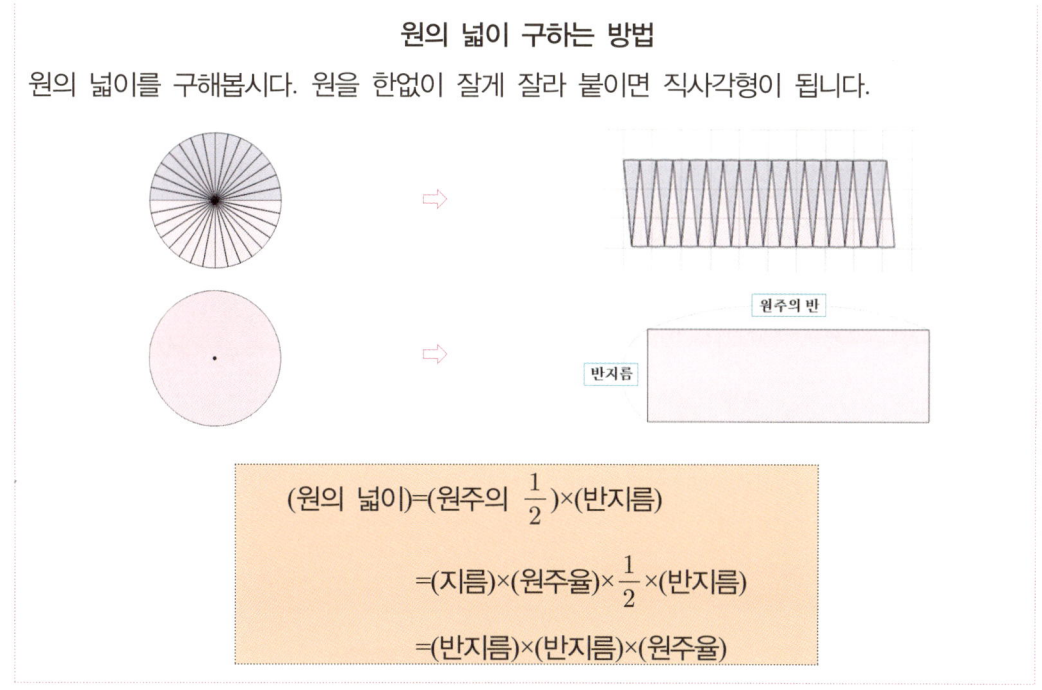

$$(원의 넓이) = (원주의 \tfrac{1}{2}) \times (반지름)$$
$$= (지름) \times (원주율) \times \tfrac{1}{2} \times (반지름)$$
$$= (반지름) \times (반지름) \times (원주율)$$

교 사 를   위 한   문 제

▶ 다음 문제를 함수 계산 블록을 사용하지 않고 다른 방법으로 코딩해 보세요.

수를 입력하면 아래와 같이 엔트리봇이 수를 **올림**하여 백의 자리까지 나타내 줍니다.

| 3219 → 3300 | 6038 → 6100 |
| 7428 → 7500 | 23593 → 23600 |

수를 입력하면 아래와 같이 엔트리봇이 수를 **반올림**하여 십의 자리까지 나타내 줍니다.

| 3219 → 3220 | 6038 → 6040 |
| 7428 → 7430 | 23593 → 23590 |

풀이의 예

[시작하기 버튼을 클릭했을 때
수를 입력해 을(를) 묻고 대답 기다리기
만일 (대답) / (100) 의 나머지 = 0 이라면
    (대답) / (100) 의 몫 x 100 을(를) 말하기
아니면
    ((대답) / (100) 의 몫 + 1) x 100 을(를) 말하기]

→ 나머지가 0 이면

→ 나머지가 0이 아니면

https://goo.gl/k93ruV

[시작하기 버튼을 클릭했을 때
수를 입력해 을(를) 묻고 대답 기다리기
만일 (대답) / (10) 의 나머지 ≥ 5 이라면
    ((대답) / (10) 의 몫 + 1) x 10 을(를) 말하기
아니면
    (대답) / (10) 의 몫 x 10 을(를) 말하기]

→ 나머지 ≥ 5 이면

→ 나머지 < 5 이면

https://goo.gl/1ibvRN

CHAPTER 13 연산공부방

학습 내용!

- 엔트리 - 선택(조건문), 판단, 무작위 수
- 수학 - 사칙연산

장면1 :

| 엔트리봇이 덧셈 문제를 낸다. | ⇨ | 내가 대답을 입력한다. | ⇨ | 정답이면 '참 잘했어요.'라고 말하고 오답이면 '틀렸습니다.'라고 말한다. |

학생에게 발문 & 권고

- 문제 출제는 누가 합니까? **엔트리봇**
- 답은 누가 입력합니까? **나**
- 입력한 값이 정답일 때와 정답이 아닐 때 각각 다른 일을 하도록 명령해야 합니다. 이 때 사용할 블록을  에서 찾아보세요.

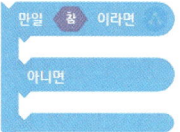

선택 구조

조건에 따라 명령을 선택하여 수행하는 과정을 선택 구조라고 합니다.
선택 구조를 만드는 블록은 다음 두 가지가 있습니다.

참일 때는 가운데의 명령 블록을 실행하고 거짓이면 다음 블록으로 넘어감.

참과 거짓일 때 각각 명령 블록을 실행

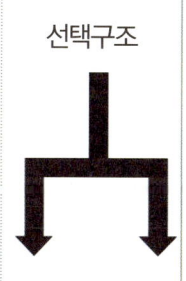
선택구조

블록 Tip

`0 부터 10 사이의 무작위 수` 입력한 두 수 사이에서 선택된 무작위 수의 값입니다. 두 수 모두 정수를 입력하면 두 수 사이의 무작위 정수가 나타나고, 두 수 중 하나라도 소수를 입력하면 무작위 소수가 나타납니다.

먼저 `변수 만들기` 로 두 개의 변수(a, b)를 만듭니다.

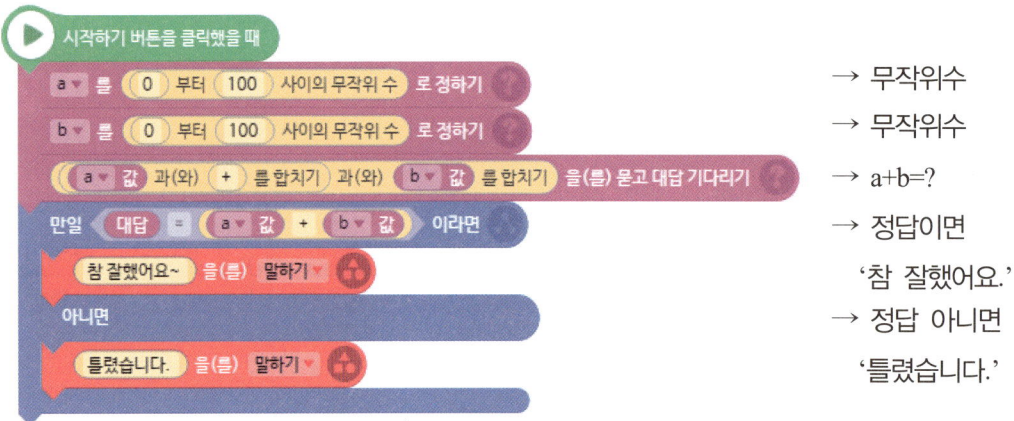

→ 무작위수
→ 무작위수
→ a+b=?
→ 정답이면 '참 잘했어요.'
→ 정답 아니면 '틀렸습니다.'

https://goo.gl/Yzx968

연 습 문 제

- (한 자리 수+한 자리 수)의 덧셈공부방을 만들어 보세요.
- (두 자리 수-한 자리 수)의 뺄셈공부방을 만들어 보세요.
- 곱셈공부방을 만들어 보세요.
- (소수+소수)의 덧셈공부방을 만들어 보세요.

코딩 개념

`0 부터 10 사이의 무작위 수` 을 이용하면 연산공부방 외에도 무작위 수 나열하기, 가위바위보 게임 등 다양한 프로그램을 만들 수 있습니다.

무작위 수는 정수 또는 소수 값을 가질 수 있습니다. A부터 B 사이의 무작위 수라고 할 때, A와 B 모두 정수를 입력하면 정수로, A와 B 두 수 중 하나라도 소수를 입력하면 소수로 나타납니다.

교사를 위한 문제

| 엔트리봇이 문제를 낸다. | ⇒ | 내가 대답을 입력한다. | ⇒ | 정답이면 '참 잘했어요.' 말한 후 다른 문제를 내고 오답이면 '다시 해보세요.' 말한 후 같은 문제를 다시 낸다. |

계속 반복

방법1

http://naver.me/GcirZZz5

방법2

→ 새로운 문제를 만들기 위함

https://goo.gl/9vDEuo

Chapter 13 연산공부방 155

 방법3

처음부터 다시 실행하기 이용

http://naver.me/GTMJK4uT

다양한 방법으로 코딩할 수 있을 것입니다. 더 좋은 방법을 찾아보세요.

연 습 문 제

- 위 코딩에서 정답과 오답의 개수(또는 점수 계산)가 나타나도록 코딩해 보세요.

  풀이 http://naver.me/5bGjpGBW

CHAPTER 14 규칙대로 수 말하기

학습 내용!

- 엔트리 - 변수 만들기 - 변수정하기, 변수 더하기, 반복하기, 계속 반복하기, 참이 될 때까지 반복하기, 반복 중단하기
- 수학 - 배수(5-1-1약수와 배수), 수열 수의 배열(4-1-6규칙 찾기)

장면1 : 엔트리봇이 1부터 100까지 자연수를 순서대로 말합니다.

학생에게 발문 & 권고

- 말하기 블록을 찾아봅시다.
- 두 블록의 차이점은 무엇일까요? 아래 두 개의 코드를 실행 해보면서 차이점을 말해보세요.

블록 Tip

`안녕! 을(를) 말하기` 은 실행 후 즉시 아래의 블록을 실행합니다. 1을 말한 후 바로 2를 말하기 때문에 1을 말하는 시간이 짧아 우리 눈으로 확인할 수 없습니다.

이 때 중간에 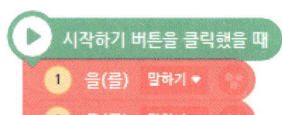 을 사용하면 과정을 볼 수 있습니다.

다음에 실행할 블록이 없는 경우에는 계속 말합니다.

학생에게 발문 & 권고

- 1부터 100까지 말하도록 하려면 ... 중 어느 블록을 사용할까요?
- 1부터 100까지 말하도록 하려면 ... 이 몇 개 필요합니까? 100개
- 블록의 수를 줄이기 위해서 어떻게 하면 좋을까요? **반복을 합니다**.

💬 방법1

이용

https://goo.gl/teHkj6

 **방법2**

[참 이 될 때까지 반복하기] 이용

시작하기 버튼을 클릭했을 때
n▼ 를 0 (으)로 정하기
100 번 반복하기
　n▼ 에 1 만큼 더하기
　n▼ 값 을(를) 1 초 동안 말하기▼

https://goo.gl/tnH1zK

블록 Tip

[n▼ 를 0 (으)로 정하기 / 100 번 반복하기 / n▼ 에 1 만큼 더하기] = [n▼ 를 0 (으)로 정하기 / n▼ 값 = 100 이 될 때까지 반복하기 / n▼ 에 1 만큼 더하기]

Chapter 14 규칙대로 수 말하기

교수-학습 방법

- 처음에는 'n을 0으로 정하기'로 시작하는 것이 바람직합니다.
- 먼저 `n를 10로 정하기` `n에 10만큼 더하기` 블록의 사용에 익숙하도록 지도한 후 학생들의 수준에 맞게 다양한 경우를 제시하여 절차적 사고를 기르도록 합니다.
- 수학 지식이나 절차적 사고력의 부족으로 인하여 코딩을 어렵게 생각하거나 포기하지 않도록 체계적인 도입과 전개가 필요합니다.
- 초등학교 교육과정에서는 음수를 취급하지 않지만 '5만큼 뺀다'는 '-5만큼 더한다'와 같다는 것을 이해시켜야 합니다.

$$a\text{만큼 뺀다} = \boxed{n\text{에 } -a \text{ 만큼 더하기}}$$

장면2 : 엔트리봇이 1001부터 1500까지 자연수를 순서대로 말합니다.

학생에게 발문 & 권고

- 맨 처음 말할 수는 무엇입니까? 1001
- 말할 수는 모두 몇 개입니까? 몇 번 반복해야 할까요? 500
- 위의 코딩 결과와 비교하면서 빈 칸에 입력할 수를 생각해 봅시다.

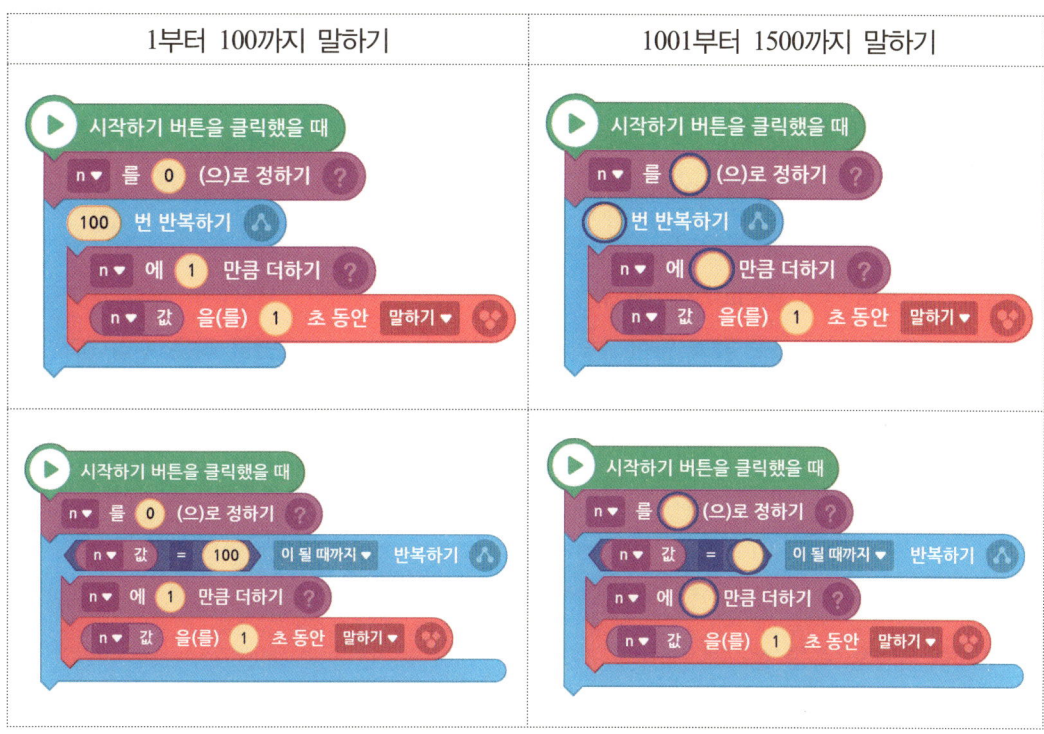

https://goo.gl/YNGyEH

https://goo.gl/5qaWiu

Chapter 14 규칙대로 수 말하기

> 장면3 : 엔트리봇이 100부터 1까지 큰 수부터 차례대로 말합니다.

학생에게 발문 & 권고

- 엔트리봇이 맨 처음 말할 수는 무엇입니까? 100
- 엔트리봇이 맨 나중에 말할 수는 무엇입니까? 1
- 모두 몇 개의 수를 말합니까? 100개
- 다음에 말할 수는 바로 앞에 말한 수와 어떤 관계가 있습니까? 1만큼 작은 수입니다.
- [n에 ○만큼 더하기] 블록으로 '1만큼 작은 수'를 명령하려고 합니다. 빈칸에 어떤 수를 넣으면 될까요? -1

- 빈칸에 입력할 수를 생각해 봅시다.

https://goo.gl/Qz9mS2

https://goo.gl/bswQ2t

장면4 : 엔트리봇이 2, 5, 8, 11, 14, … 규칙을 따라 계속 말하다가 1000이 넘으면 멈춥니다.

학생에게 발문 & 권고

- 엔트리봇이 맨 처음 말할 수는 무엇입니까? 2
- 어떤 규칙이 있습니까? 수가 3씩 커집니다.
- 필요한 블록을 모두 찾아보세요.
- 1000이 넘으면 멈추기 위해 어떻게 할지 생각해 보세요.

http://naver.me/xc5UP67E

↓

Chapter 14 규칙대로 수 말하기

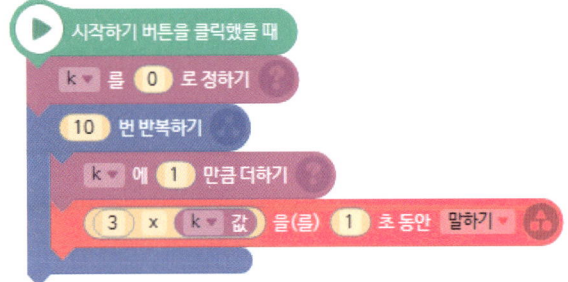

http://naver.me/5mO5F43t

장면5 : 엔트리봇이 (자연수 중) 3의 배수를 작은 수부터 차례대로 10개 말합니다.

학생에게 발문 & 권고

- 엔트리봇이 말할 수를 차례대로 써 보세요.

    3, 6, 9, 12, 15, 18, 21, 24, 27, 30

- 위의 답을 3× ☐ 로 나타내 보세요.

    3×$\boxed{1}$, 3×$\boxed{2}$, 3×$\boxed{3}$, 3×$\boxed{4}$, 3×$\boxed{5}$, 3×$\boxed{6}$, 3×$\boxed{7}$, 3×$\boxed{8}$, 3×$\boxed{9}$, 3×$\boxed{10}$

💬 **방법1**

 이용

https://goo.gl/JPdBT8

 **방법2**

 이용

https://goo.gl/wbWTFh

장면6 : 엔트리봇이 (1~100 사이의) 3의 배수를 (작은 수부터) 차례대로 말합니다.

학생에게 발문 & 권고

- 엔트리봇이 말할 3의 배수의 범위를 말해 보세요. 1~100 **사이**
- 엔트리봇이 말할 수는 모두 몇 개 입니까? 33개
- 엔트리봇이 맨 처음 말할 수와 맨 마지막에 말할 수를 3× ☐ 으로 나타나보세요.

  3× 1 , 3× 33

 **방법1**

이용

https://goo.gl/UQJKJL

 방법2

 이용

https://goo.gl/GCv1CM

방법3

을 이용하면 1~100 사이의 3의 배수의 개수를 구하지 않아도 됩니다.

http://naver.me/xGHh58j8

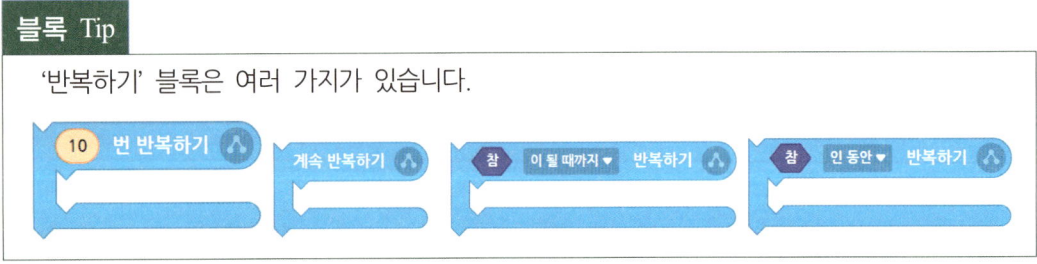

블록 Tip

'반복하기' 블록은 여러 가지가 있습니다.

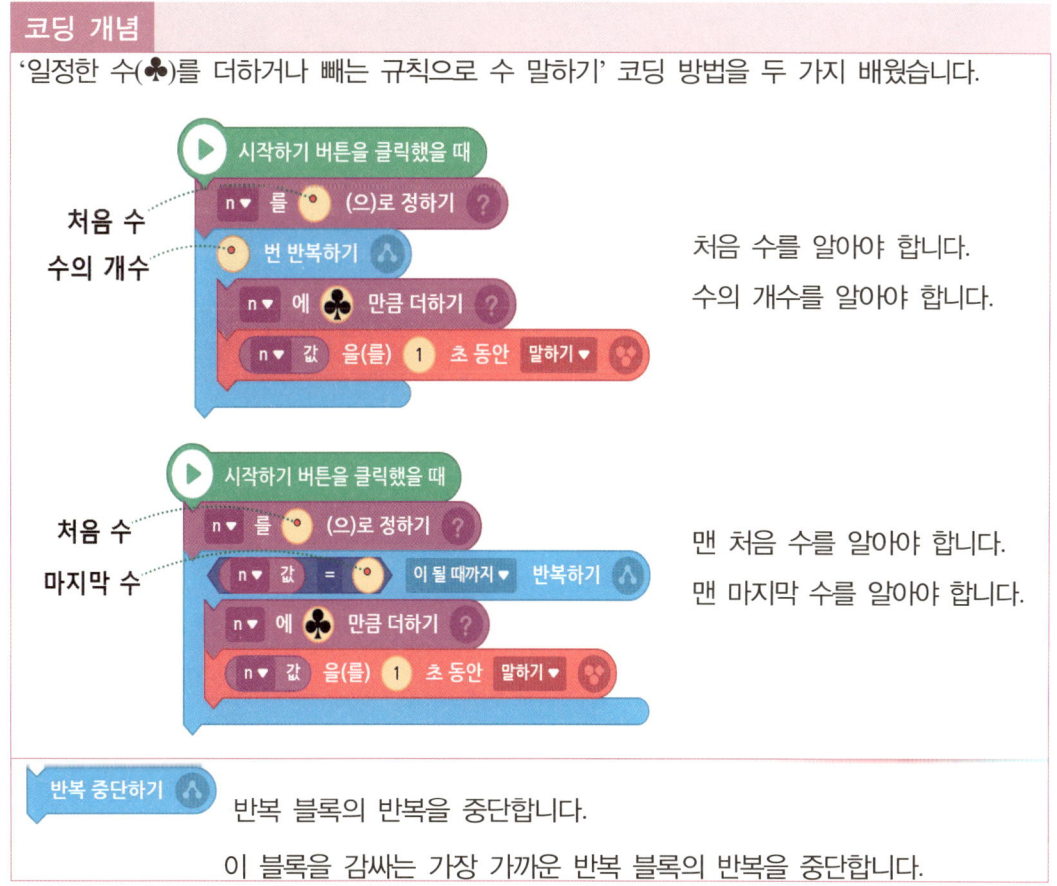

http://naver.me/G8Q4d9JJ

→ 조건이라면
　　반복 중단하기

코딩 개념

'일정한 수(♣)를 더하거나 빼는 규칙으로 수 말하기' 코딩 방법을 두 가지 배웠습니다.

처음 수
수의 개수

처음 수를 알아야 합니다.
수의 개수를 알아야 합니다.

처음 수
마지막 수

맨 처음 수를 알아야 합니다.
맨 마지막 수를 알아야 합니다.

반복 중단하기　반복 블록의 반복을 중단합니다.
이 블록을 감싸는 가장 가까운 반복 블록의 반복을 중단합니다.

교과서 들여다보기	수학 5-1 1단원 약수와 배수

배수 약속하기

어떤 수를 1배, 2배, 3배 …… 한 수를 그 수의 배수라고 합니다.

3, 6, 9 …… 는 3의 배수입니다.

교 사 를 위 한 문 제 1

장면

 반복 중단하기 를 이용하여 10000 이상 20000 이하의 일의 자리 숫자가 3인 수를 말하도록 코딩해 보세요.

10003   10013   ……   19993

풀이

→ n을 10000으로 정하기
→ 계속 반복하기
→ 조건 ┈▶ 블록 Tip
→ 'n' 말하기

→ n이 20000보다 크면 중단.

https://goo.gl/Le6Hg6

블록 Tip

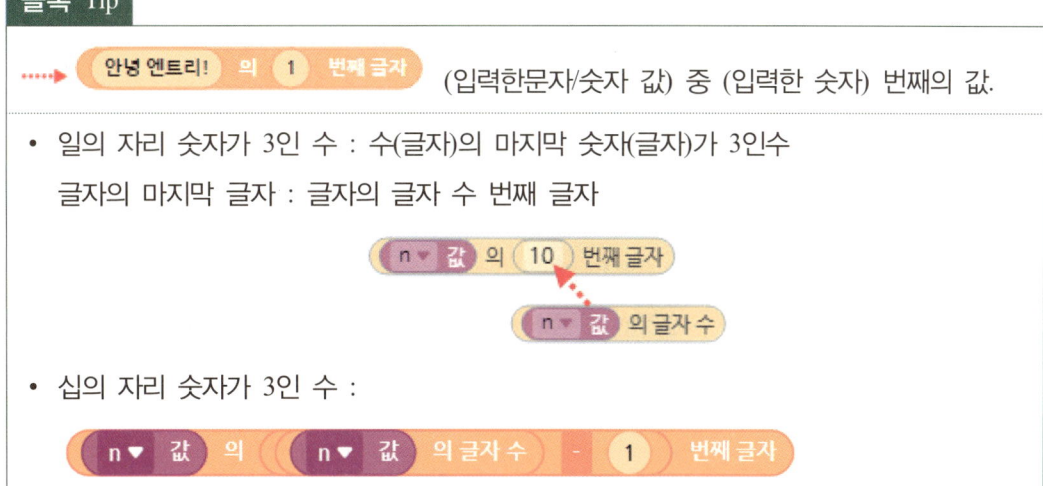

- 일의 자리 숫자가 3인 수 : 수(글자)의 마지막 숫자(글자)가 3인수

    글자의 마지막 글자 : 글자의 글자 수 번째 글자

- 십의 자리 숫자가 3인 수 :

교 사 를 위 한 문 제 2

100 이상 335 이하의 수 중 십의 자리 숫자가 3인 수를 말하고 리스트로 나타내도록 코딩해 보세요.

풀이 십의 자리 숫자를 확인하기 위해서는 (n값의 (n값의 글자수-1))번째 글자를 확인해야 합니다.

http://naver.me/5RTdj0M6

Chapter 14 규칙대로 수 말하기

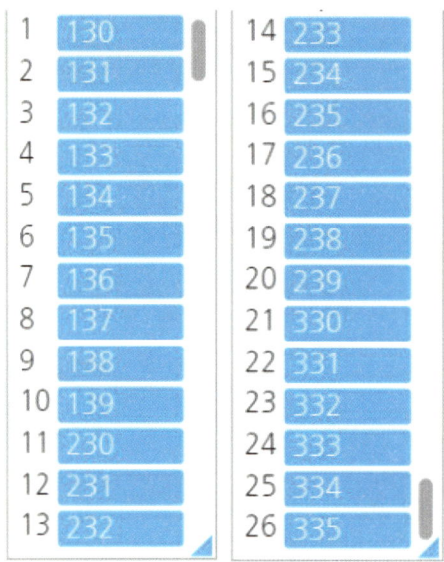

교 사 를 위 한 문 제 3

▶ 'n을 0으로 정하기' 대신 'n을 1로 정하기'로 시작해서 1부터 10까지 말하기를 코딩하려고 합니다. 어떤 차이가 있을지 생각해 보면서 빈칸에 알맞은 수를 넣어 코드를 완성하세요.

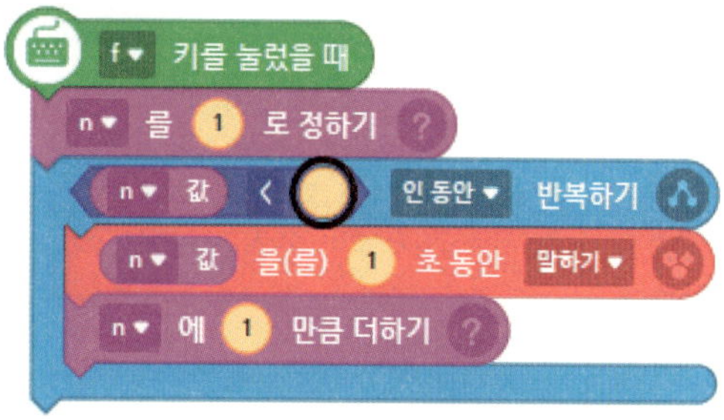

풀이 https://goo.gl/s7QDLb

Chapter 14 규칙대로 수 말하기

교사를 위한 문제 4

▶ 다음 코드의 실행 결과를 말로 표현해 보세요.

https://goo.gl/LzWmM4

풀이의 예   (g) 2부터 11까지 말한다.   (h) 1부터 9까지 말한다.

CHAPTER 15 약수 판별

학습 내용!

- 엔트리 - 선택, 판단 - 판단블록
- 수학 - 약수(5-1-1약수와 배수)

장면1 : 어떤 수를 입력하면 엔트리봇이 그 수가 10의 약수인지 아닌지 알려줍니다.

학생에게 발문 & 권고

- 어떤 수가 10의 약수인지 아닌지 어떻게 알 수 있습니까?
  어떤 수로 10을 나누었을 때 나누어떨어지면 10의 약수입니다.
  나누어떨어지지 않으면 약수가 아닙니다.
- '어떤 수로 10을 나누었을 때 나누어떨어진다.'를 식으로 표현해 보세요.
  (10÷어떤 수)의 나머지=0
- ' 대답 으로 10을 나누면 나누어떨어진다.' 를 계산 블록과 판단 블록을 이용하여 나타내 보세요.

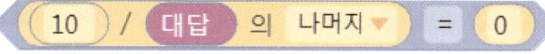

- 대답 이 10의 약수일 때와 약수가 아닐 때 각각 명령을 해야 합니다. 이때 사용할 블록을 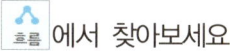에서 찾아보세요.

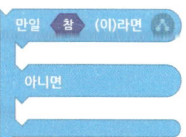

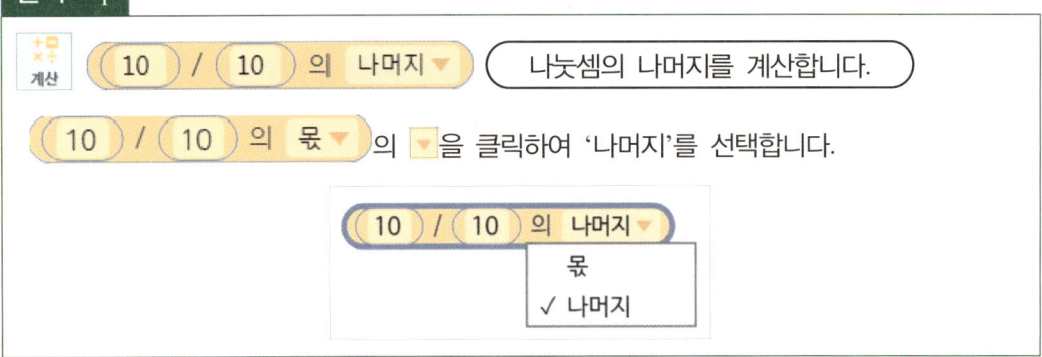

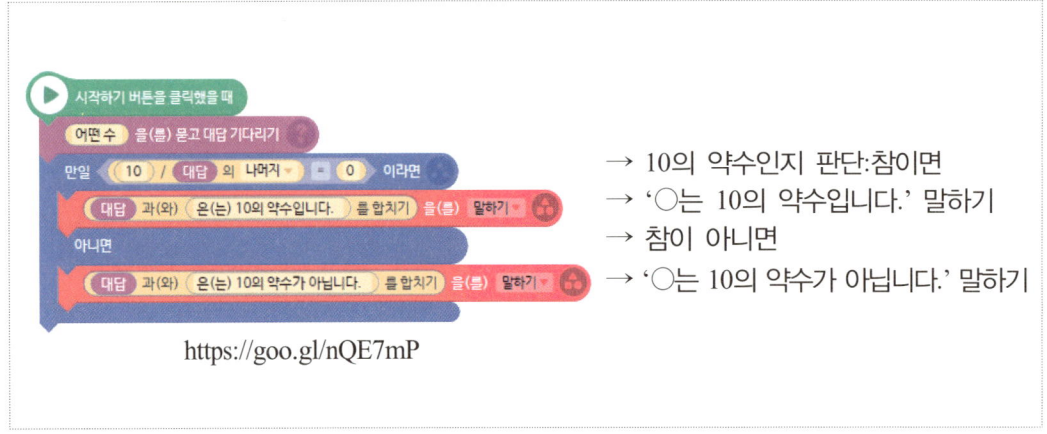

https://goo.gl/nQE7mP

장면2 : 어떤 수(△)와 어떤 수(□)를 입력하면 엔트리봇이 △가 □의 약수인지 아닌지 말해 줍니다.

학생에게 발문 & 권고

- 앞의 문제와 다른 점은 무엇입니까?
  앞의 문제는 10의 약수 판별이고 이 문제는 어떤 수(□)의 약수 판별입니다.
  정해지지 않은 수의 약수 판별입니다.
- 변수가 몇 개 필요합니까? 2개

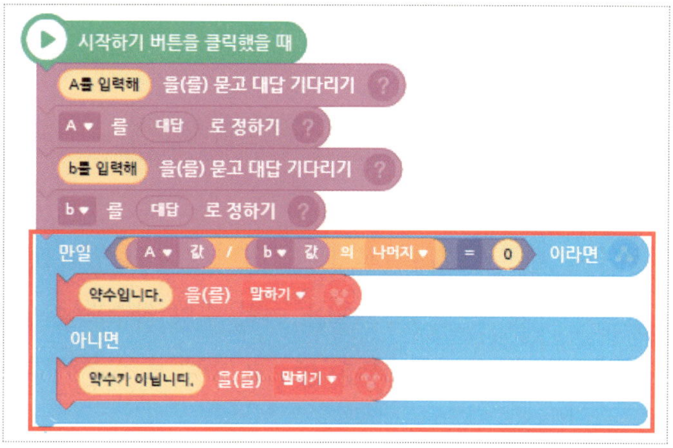

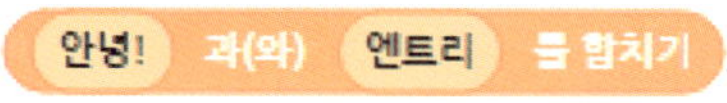

`안녕! 과(와) 엔트리 를 합치기`을 이용하여 표현하기

https://goo.gl/nTYXr4

Chapter 15 약수 판별

| 교과서 들여다보기 | 수학 5-1 1단원 약수와 배수 |

약수 약속하기

8을 1, 2, 4, 8로 나누면 나누어떨어집니다. 이때 1, 2, 4, 8을 8의 약수라고 합니다.
어떤 수를 나누어떨어지게 하는 수를 그 수의 약수라고 합니다.

A를 B로 나누면 나누어떨어진다.
⇕

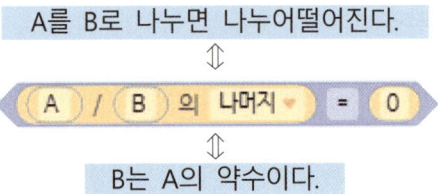

⇕
B는 A의 약수이다.

 **교수-학습 방법 및 이론적 배경**

- 음의 정수도 약수가 되지만 초등학교에서는 양의 약수만 취급합니다.
- 어떤 정수도 0으로 나눌 수 없으므로 0은 어떤 수의 약수도 아닙니다.
- 약수 구하기, 약수의 개수, 공약수 등은 앞으로 '리스트 만들기'를 이용하여 코딩할 것입니다.

CHAPTER 16 약수 구하기(리스트)

학습 내용!

- 엔트리 - 리스트 만들기
- 수학 - 약수(5-1-1약수와 배수)

장면1 : 엔트리봇이 10의 약수를 모두 말해줍니다.

학생에게 발문 & 권고

- 10의 약수 중 가장 작은 수는 무엇인가요? 1
- 10의 약수 중 가장 큰 수는 무엇인가요? 10
- 10의 약수를 모두 구하려면 어떻게 해야 합니까?
  10을 나누어서 나누어떨어지는 수를 모두 구해야 합니다.
- 10을 나누어서 나누어떨어지는 수를 찾기 위해 '10÷☐' 을 할 때 ☐ 안에 들어갈 수의 범위는 어떻게 됩니까? **1부터 10까지의 자연수입니다.**
- 10의 약수를 구하는 과정을 생각해 봅시다.

  10÷**1**=10   10÷**2**=5   10÷**3**=3•••1   10÷**4**=2•••2

  10÷**5**=2   10÷**6**=1•••4   10÷**7**=1•••3   10÷**8**=1•••2

  10÷**9**=1•••1   10÷**10**=1

  10을 나누어서 나머지가 0이 되는 수 1, 2, 5, 10 이 약수입니다.

- '어떤 수로 10을 나누면 나누어떨어진다.' 를 엔트리 블록을 이용하여 식으로 표현해 보세요.

  (10) / (어떤 수) 의 나머지 ▼ = (0)

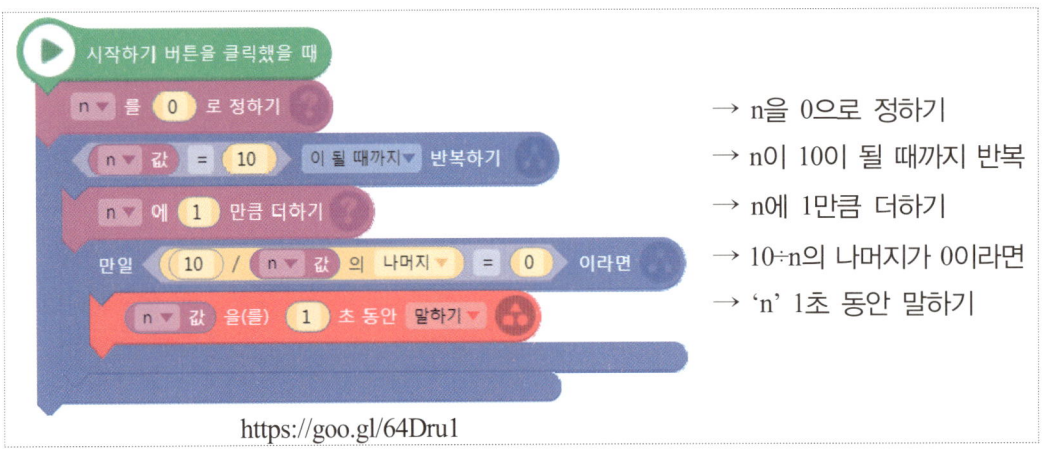

→ n을 0으로 정하기
→ n이 10이 될 때까지 반복
→ n에 1만큼 더하기
→ 10÷n의 나머지가 0이라면
→ 'n' 1초 동안 말하기

https://goo.gl/64Dru1

블록 Tip

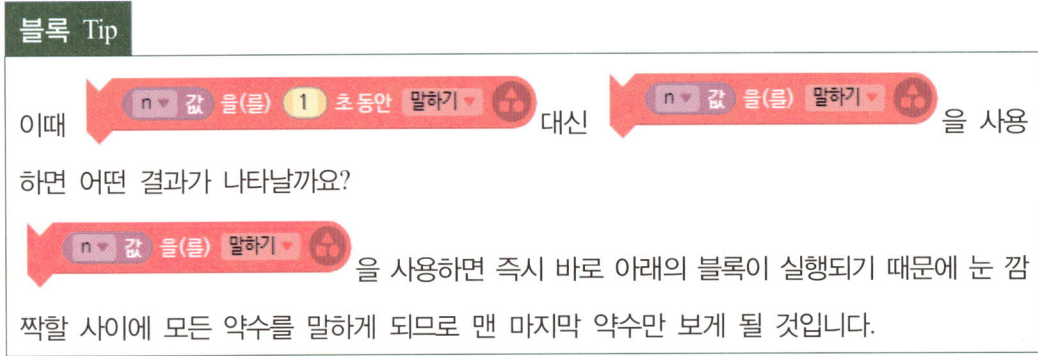

이때 [n값 을(를) 1초 동안 말하기] 대신 [n값 을(를) 말하기] 을 사용하면 어떤 결과가 나타날까요?

[n값 을(를) 말하기] 을 사용하면 즉시 바로 아래의 블록이 실행되기 때문에 눈 깜짝할 사이에 모든 약수를 말하게 되므로 맨 마지막 약수만 보게 될 것입니다.

장면2 : 10의 약수를 모두 찾아 리스트로 보여줍니다.

학생에게 발문 & 권고

- 위 코딩의 실행 결과는 엔트리봇이 10의 약수를 차례대로 말합니다. 10의 약수 리스트를 모두 한꺼번에 보고 싶다면 어떻게 해야 할지 생각해 봅시다.
두 개 이상의 답을 한꺼번에 보여주기 위해서는 리스트 만들기를 합니다.

리스트 만들기

① 의 리스트 만들기 을 클릭합니다.

② [리스트 이름] 에 리스트 이름을 입력합니다. 우리는 '10의 약수'로 해 볼까요?

③ 실행화면에는 리스트 박스가 나타나고, 블록 의 자료 를 클릭해 보면 새로 생긴 블록들을 볼 수 있습니다.

① 변수 만들기 로 변수(변수 이름: n)를 만듭니다.

② 리스트 만들기 를 하여 리스트 이름을 '10의 약수'라고 합시다.

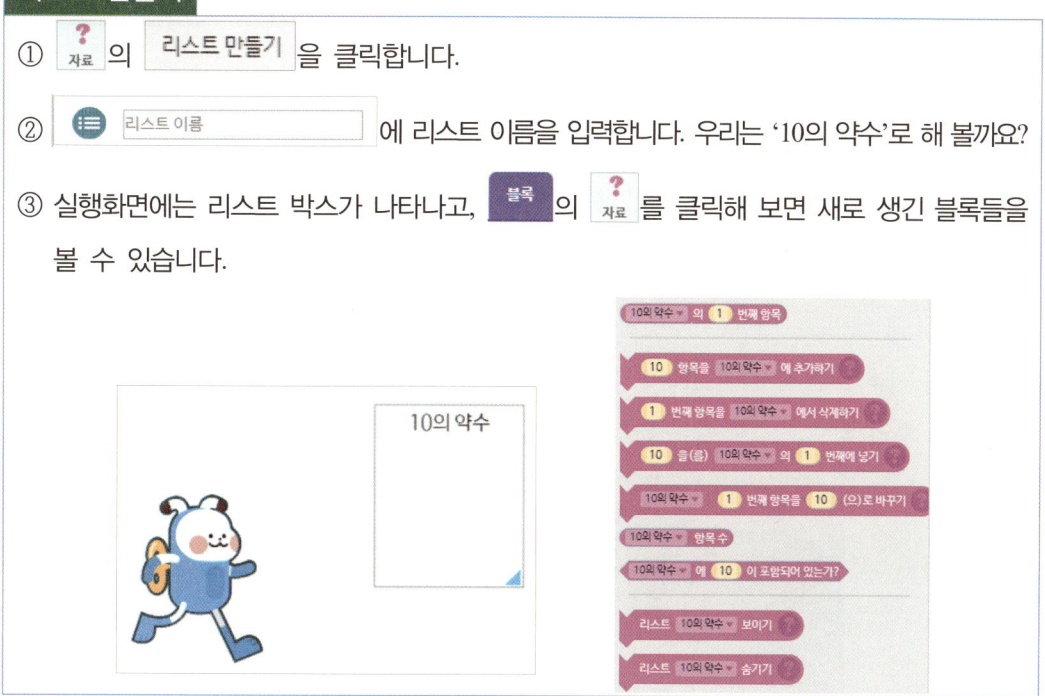

→ n을 10의 약수 리스트에 추가합니다.

https://goo.gl/ShCb2D

Chapter 16 약수 구하기(리스트)

장면3 : 수를 입력하면 그 수의 약수 리스트를 보여줍니다.

학생에게 발문 & 권고

- '10의 약수 리스트' 문제와 다른 점은 무엇입니까?

    어떤 수의 약수를 구하는 문제입니다.

- '어떤 수'를 입력할 '입력창'이 필요합니다.

- '입력창'을 만드는 블록은 무엇입니까?

- '10의 약수 리스트' 프로그래밍 결과를 응용하여 문제를 해결해 봅시다.

    '어떤 수의 약수 리스트'를 구하기 위해 수정해야 할 부분을 잘 생각해 봅시다.

→ 어떤 수의 약수를 구할 것인지

→ n을 대답의 약수 리스트에 추가합니다.

https://goo.gl/u4ytN2

> **블록 Tip**
>
>  리스트의 항목이 많을 때는 리스트 오른쪽의 조절 바를 이용하여 항목을 펼쳐 볼 수 있습니다.

장면4 : 수를 입력하면 그 수의 약수의 개수를 알려줍니다.

> **학생에게 발문 & 권고**
>
> ▶ 약수의 개수는 '리스트의 개수'입니다. 앞의 코딩 결과에서 리스트의 개수를 알려주는 블록을 〔자료〕에 새로 생긴 블록 중에서 찾아보세요. 〔대답의 약수 항목 수〕

리스트 만들기 를 한 후 〔블록〕의 〔자료〕를 클릭하면 새로 생긴 블록들이 나타납니다. 앞의 코딩에서 새로 생긴 블록들을 살펴보면 〔대답의 약수 항목 수〕를 볼 수 있습니다. 리스트에 포함된 항목의 수를 알려주는 블록입니다.

앞 코드의 마지막에  을 붙입니다.

https://goo.gl/5rh2Vw

| 교과서 들여다보기 | 수학 5-1 1단원 약수와 배수 |

약수의 성질

① 1은 모든 수의 약수입니다.
② 어떤 수의 약수 중에서 가장 작은 수는 1입니다.
③ 어떤 수의 약수 중에서 가장 큰 수는 자기 자신입니다.
④ △이 ○의 약수이면 ○는 △의 배수입니다.

교수-학습 방법

초등학교 교육과정에서는 약수를 구하는 활동, 약수의 개수를 세는 활동을 합니다. 소인수분해의 결과를 이용하여 약수를 구하는 내용은 중학교에서 다룹니다. 초등학교에서는 학생들이 스스로 구한 약수의 개수를 코딩 결과와 비교해보는 활동을 할 수 있을 것입니다.

이론적 배경

약수의 개수

6의 약수는 1, 2, 3, 6입니다.

6을 소인수분해 해보면 6=2×3이므로 6의 약수는 2와 3의 곱으로 나타낼 수 있습니다. 그러니까 2가 한 번도 안 곱해지거나(2가 한 번도 안 곱해지는 것은 $2^0 = 1$로 표시가 가능) 한 번 곱해지거나(2가 한 번 곱해지는 $2^1 = 2$), 3이 한 번도 안 곱해지거나(3이 한 번도 안 곱해지는 것은 $3^0 = 1$로 표시가 가능) 한 번 곱해지는(3이 한 번 곱해지는 $3^1 = 3$) 것으로 나타낼 수 있습니다.

그림으로 표시하면

그러므로 가능한 경우는 2가지×2가지=4가지.

60을 소인수분해 하면 $60=2^2×3×5$이므로 60의 약수는 2와 3과 5의 곱(2가 한 번도 안 곱해지거나 한 번 곱해지거나 두 번 곱해지거나, 3이 한 번도 안 곱해지거나 한 번 곱해지거나, 5가 한 번도 안 곱해지거나 한 번 곱해지거나)으로 나타낼 수 있습니다.

그러므로 가능한 경우는 3가지×2가지×2가지=12가지.

따라서 일반적으로 자연수 N을 소인수분해하여 $N=p_1^{a1} \times p_2^{a2} \times \cdots \cdots \times p_k^{ak}$ 이 되었다면

N의 약수의 개수는 $(a_1+1) \times (a_2+1) \times \cdots \cdots \times (a_k+1)$ 입니다.

약수의 개수가 홀수인 수는?

$N=p_1^{a1} \times p_2^{a2} \times \cdots \cdots p_k^{ak}$ 의 약수의 개수는
$(a_1+1) \times (a_2+1) \times \cdots \cdots \times (a_k+1)$ 입니다.

약수의 개수가 홀수 즉 $(a_1+1) \times (a_2+1) \times \cdots \cdots (a_k+1)$ 이 홀수이기 위한 필요충분조건은 모든 a_i+1이 홀수입니다. 즉 모든 a_i가 짝수입니다. 따라서 N은 제곱수입니다.

약수의 개수가 홀수인 수는 제곱수이고, 제곱수의 약수는 홀수 개입니다.

교사를 위한 문제 1

수를 입력하면 소인수분해하여 리스트로 나타냅니다.

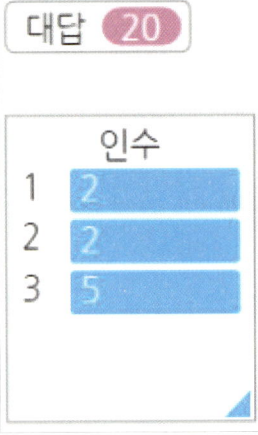

① 두 개의 변수(n, k)를 만듭니다. (n은 대답으로 입력한 수, k는 n을 나누는 수)

② 어떤 수를 소인수분해하는 과정을 상기해 봅시다.

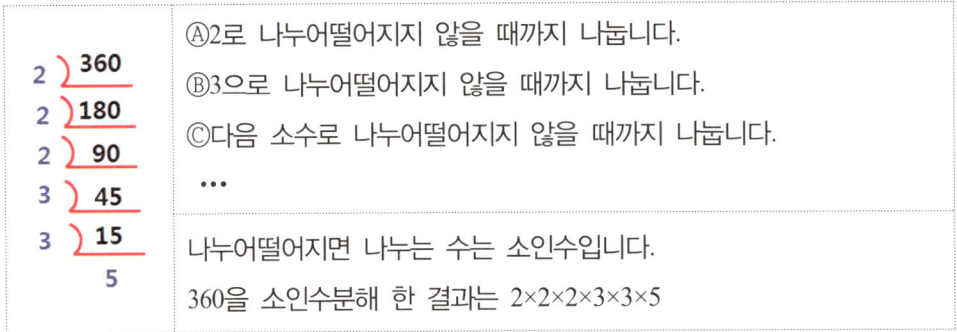

③ 이 과정에 맞는 블록을 찾아 절차에 맞게 코딩합니다.

★어떤 수를 소인수분해 할 때 소수(2,3,5,7,11,…)로 나누어떨어지지 않을 때까지 나누는 일을 합니다. 그런데 만일 2와 3으로 나누는 일을 한 다음 4로 나눈다면 어떤 일이 벌어질까요? 4로 나누면 나누어떨어지지 않습니다. 그 이유는 이미 (4의 약수인) 2로 나누어떨어지지 않을 때까지 나누었기 때문입니다.

★★따라서 소수(2,3,5,7,11,…)로 나누는 일을 하는 대신 2부터 계속되는 자연수(3,4,5,6,7,…)로 나누는 일을 해도 결과는 같습니다.

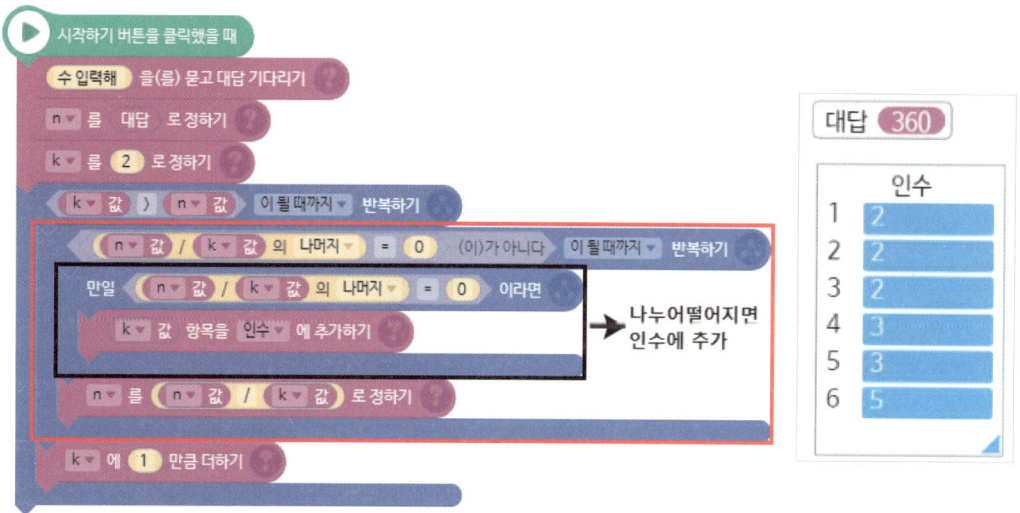

http://naver.me/GSpJsf2c

교사를 위한 문제 2

1~200사이의 자연수 중 약수의 개수가 2개인 수를 리스트로 보여줍니다.

① 두 개의 변수(n, L)를 만듭니다. (n은 1~200까지의 자연수, L은 n을 나누는 수)
② 어떤 수의 약수의 개수를 구하는 과정을 생각해 봅시다.

조절바를 내리면 리스트를 모두 볼 수 있습니다.

https://goo.gl/kZwqc8

┈┈▶ (1번째 항목을 n의 약수에서 삭제하기)는 왜 필요할까?

n이 변할 때마다 n의 약수 리스트를 초기화해야 합니다. 즉 n이 변하면 약수 리스트를 비우고 새로운 n의 약수 리스트를 구합니다.

이를 위해서 `n의 약수 항목 수` 만큼 n의 약수 리스트에 있는 항목을 삭제하면 됩니다. 리스트의 항목을 삭제할 때마다 남은 리스트는 1번째 항목부터 자리 잡기 때문에 1번째 항목을 `n의 약수 항목 수` 번 반복하여 삭제합니다.

(n의 약수 항목 수번 반복하기)와 (1번째 항목을 n의 약수에서 삭제하기) 블록을 없앤다면 어떤 일이 생기게 될까요? n의 약수 리스트에는 1의 약수인 1, 2의 약수인 1과 2, 3의 약수인 1, 2, 3 등이 계속 추가되어 1~200까지의 약수들이 모두 기록됩니다. 그러므로 약수의 개수가 2개인 수 리스트에는 아무 것도 추가되지 않습니다.

약수가 2개인 수는 소수(prime number)입니다. 이 방법은 소수를 구하는 방법 중의 하나입니다!!

교사를 위한 문제 3

아래의 과정을 실행하도록 코딩해 보세요.

---

108 계단 문제[1]

성이가 다니는 절에는 108개의 계단이 있다. 성이는 계단에 1부터 108까지 차례로 번호를 적어놓고 매일 올라가서 기도를 드렸다. 성이가 날마다 계단을 올라갈 때는 다음과 같은 규칙으로 계단에 표시를 하였다.

- 1일: 모든 계단에 O표시를 한다.
- 2일: 2의 배수가 적힌 계단은 X로 바꾼다.
- 3일: 3의 배수가 적힌 계단에 O가 있으면 X로 바꾸고, X가 있으면 O로 바꾼다.
- 4일: 4의 배수가 적힌 계단에 O가 있으면 X로 바꾸고, X가 있으면 O로 바꾼다.
- 5일: 5의 배수가 적힌 계단에 O가 있으면 X로 바꾸고, X가 있으면 O로 바꾼다.
- …
- 108일: 108의 배수가 적힌 계단에 O가 있으면 X로 바꾸고, X가 있으면 O로 바꾼다.

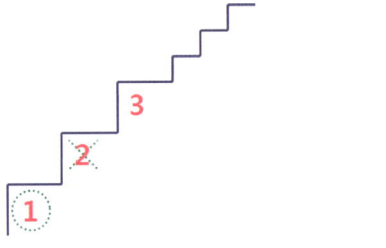

매일매일 계단에 표시되는 부호가 바뀌는 과정을 볼 수 있도록 코딩을 해야 합니다. 표를 채워보면서 프로그래밍 과정을 생각해 봅시다.

---

[1] 임해경(2017)의 『생활 속의 수학이야기(교우사)』 207쪽 문제

계단	1일	2일	3일	4일	5일	...
1	O	O	O	O	O	
2	O	X	X	X	X	
3	O	O	X	X	X	
4	O	X	X	O	O	
5	O	O	O	O	X	
6	O	X	O	O	O	
7	O	O	O	O	O	
8	O	X	X	O	O	
9	O	O	X	X	X	
10	O	X	X	X	O	
11	O	O	O	O	O	
12	O	X	O	X	X	
13	O	O	O	O	O	
14	O	X	X	X	X	
.						
.						
.						

 방법1

n(2, 3, 4, ⋯, 200)을 고정하고, 1~200까지의 수를 n으로 나누어떨어질 때 바꾸는 방법

① '108계단' 리스트를 만듭니다.

② 어떤 과정을 통해 O가 추가되고, O 또는 X로 바꾸는지 생각해 봅시다.

   Ⓐ (1일) '108계단' 리스트에 108개의 O를 추가합니다.

   Ⓑ (2일) '108계단' 리스트 중 2의 배수 번째 항목을 X로 바꿉니다.

     = '108계단' 리스트 중 2의 배수 번째 항목이 O라면 X로, X라면 O로 바꿉니다.

   Ⓒ (3일) '108계단' 리스트 중 3의 배수 번째 항목이 O라면 X로, X라면 O로 바꿉니다.

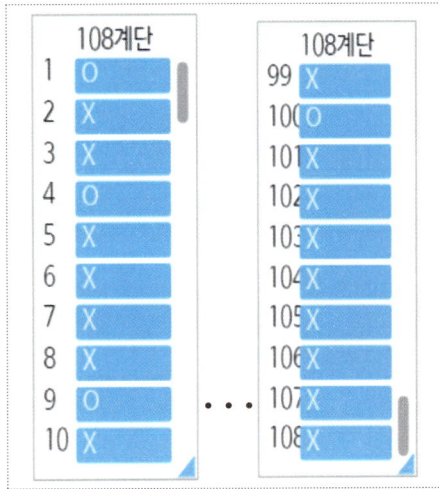

http://naver.me/FiNtJYyt

 **방법2**

n(2, 3, 4, …, 200)을 고정하고, n의 배수를 바꾸는 방법

http://naver.me/FosO68dI

여러 가지 방법으로 코딩할 수 있을 것입니다. 더 효율적인 방법을 찾아보세요.

CHAPTER 17 공약수, 최대공약수

학습 내용!

- 엔트리 - 리스트 만들기
- 수학 - 공약수, 최대공약수(5-1-1약수와 배수)

장면1 : 5와 24의 공약수를 리스트로 보여준다.

학생에게 발문 & 권고

▶ 15와 24의 공약수를 엔트리 블록을 이용하여 나타내어 보세요.

「리스트 만들기」로 리스트를 만듭니다. 리스트 이름을 '공약수'라고 합시다.

→ 잠깐!에 설명

https://goo.gl/yJuuQ5

> **잠깐!** ┄┄▶ 왜 n=15가 될 때까지 반복해야 할까?

15와 24의 공약수를 구하려고 할 때

15의 약수를 구하기 위해서 n은 1부터 15까지 변합니다.

24의 약수를 구하기 위해서 n은 1부터 24까지 변합니다.

공약수 즉 공통되는 약수를 구할 것이므로 공통되는 부분인 1부터 15까지 반복하면 됩니다.

그러나 실제로는 1부터 24까지 반복하더라도 결과는 같습니다. 15는 15보다 더 큰 수(16~24)로 나누어떨어지지 않기 때문입니다.

하지만 두 수 중 작은 수가 될 때까지 반복하기 하는 것이 효율적이겠죠?

두 수 중 어떤 수가 큰 수인지 알 수 없을 때에는 두 수 중 하나의 수가 될 때까지 반복하면 됩니다.

장면2 : 두 수를 입력하면 두 수의 공약수를 리스트로 보여줍니다.

학생에게 발문 & 권고

- 앞의 문제와 다른 점은 무엇인가요? **두 수가 정해져 있지 않습니다.**
- 변수 몇 개가 필요합니까? **2개**

http://naver.me/IMlHyrDP

| 장면3 : 두 수를 입력하면 두 수의 최대공약수를 알려줍니다. |

학생에게 발문 & 권고

- 최대공약수는 공약수 중 가장 큰 수입니다. 앞의 방법으로 구한 공약수 리스트에서 구할 수 있습니까? 네
- 앞의 방법으로 구한 공약수 리스트에서는 맨 마지막 수가 가장 큰 수입니다. 리스트의 맨 마지막 수를 블록으로 나타내 보세요.

  `공약수▼ 의 ( 공약수▼ 항목 수 ) 번째 항목`

  맨 마지막 번째는 `공약수▼ 항목 수` 번째입니다.

Chapter 17 공약수, 최대공약수 **193**

을 '두 수의 공약수 구하기' 코드 맨 아래에 붙이면 됩니다.

https://goo.gl/QTEyMb

교과서 들여다보기	수학 5-1 1단원 약수와 배수

두 수의 공통인 약수를 두 수의 공약수라고 합니다.

두 수의 공약수 중에서 가장 큰 수를 두 수의 최대공약수라고 합니다.

     1, 2, 3, 6은 12와 18의 공약수입니다.

     6은 12와 18의 최대공약수입니다.

최대공약수 구하는 방법

(1) 공통인 약수 중 가장 큰 수

12의 약수	①	②	③	4	⑥	12
18의 약수	①	②	③	⑥	9	18

(2) 곱셈식(소인수분해)

$$12 = 2 \times \underline{2 \times 3} \qquad 18 = \underline{2 \times 3} \times 3$$
$$\qquad\quad\; 6 \qquad\qquad\qquad\qquad 6$$
→ 12와 18의 최대공약수 ←

(3) 공약수로 나누기

```
12와 18의 공약수 ← 2) 12  18
 6과 9의 공약수 ← 3)  6   9
                     2   3
```

$2 \times 3 = 6$ → 12와 18의 최대공약수

이론적 배경

유클리드 호제법(互除法[2], Euclidean algorithm)

최대공약수를 구하는 두 가지 방법(소인수분해와 나눗셈을 이용하는 방법)은 소인수분해 원리에 기반을 두고 있습니다. 수가 커지면 나눗셈을 이용하는 것보다는 소인수분해를 이용하는 것이 더 효과적이지만 매우 큰 수는 실제로 소인수분해하는 것은 쉬운 일이 아닙니다.

유클리드 호제법은 나눗셈 정리에 기반을 둡니다.

---

[2] 호제법이란 말은 두 수가 서로(互) 상대방 수를 나눈다(除)는 뜻이다.

자연수에서의 나눗셈 정리

임의의 자연수 a, b(b≠0)에 대하여

a=bq+r (0≤r<b)

을 만족하는 자연수 q, r이 유일하게 존재한다.

유클리드 호제법

임의의 자연수 a, b에 대하여 a=bq+r (0≤r<b) 이면

a와 b의 최대공약수 = b와 r의 최대공약수

(예) 511111과 24555의 최대공약수 구하기

a = b q + r	511111과 24555의 최대공약수
511111=24555×20+20011	= 24555과 20011의 최대공약수
24555=20011×1+4544	= 20011과 4544의 최대공약수
20011=4544×4+1835	= 4544와 1835의 최대공약수
4544=1835×2+866	= 1835와 866의 최대공약수
1835=866×2+103	= 866과 103의 최대공약수
866=103×8+42	= 103과 42의 최대공약수
103=42×2+19	= 42와 19의 최대공약수
42=19×2+4	= 19와 4의 최대공약수
19=4×4+3	= 4와 3의 최대공약수
4=3×1+1	= 3과 1의 최대공약수= 1
3=1×3+0	= 1과 0의 최대공약수= 1

511111과 24555의 최대공약수 = 1

교사를 위한 문제

두 수의 최대공약수
두 수를 입력하면 (유클리드 호제법을 이용하여) 두 수의 최대공약수를 알려줍니다.

① 두 수를 나타낼 변수 2개(a, b)가 필요합니다.

② 유클리드 호제법을 잘 이해하고 코딩을 해야 합니다.

❶ (a=bq+r (0≤r<b) 이면 a와 b의 최대공약수 = r과 b의 최대공약수이므로)
두 수 중 큰 수를 작은 수로 나누어 나머지(r)를 구합니다.

❷ (a와 b의 최대공약수 = r과 b의 최대공약수이므로) 이제 큰 수를 나머지(r)로 정합니다.
(a와 b의 최대공약수=r과 b의 최대공약수이므로) 큰 수였던 a값을 나머지(r)로 정합니다)

❸ (❶ ❷)과정을 반복합니다. 두 수 중 하나가 0 이 될 때까지

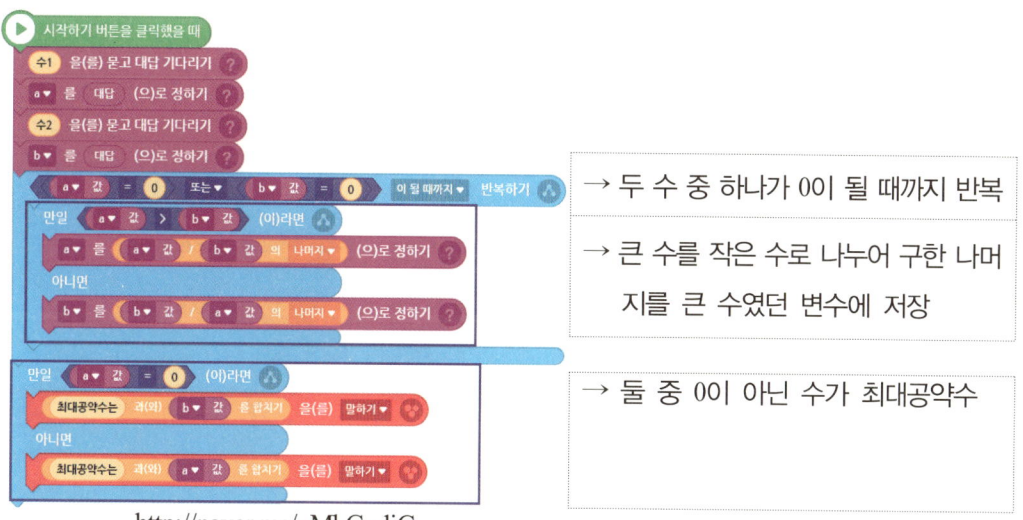

→ 두 수 중 하나가 0이 될 때까지 반복

→ 큰 수를 작은 수로 나누어 구한 나머지를 큰 수였던 변수에 저장

→ 둘 중 0이 아닌 수가 최대공약수

http://naver.me/xMkGndjG

a와 b 리스트를 만들면 유클리드 호제법 계산 과정을 들여다 볼 수 있습니다.

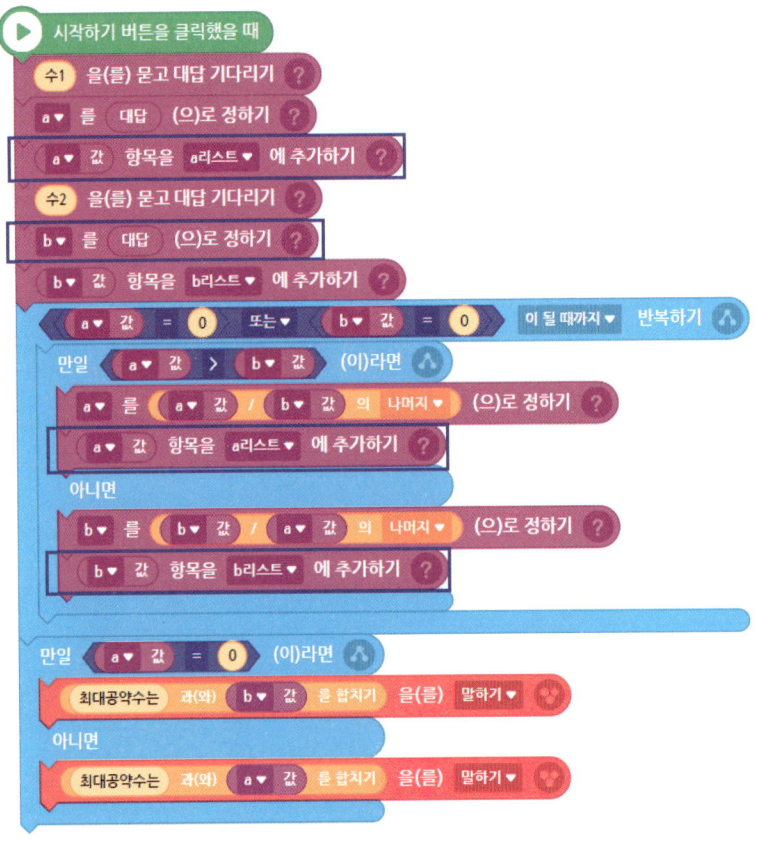

a=511111   b=24555 입력

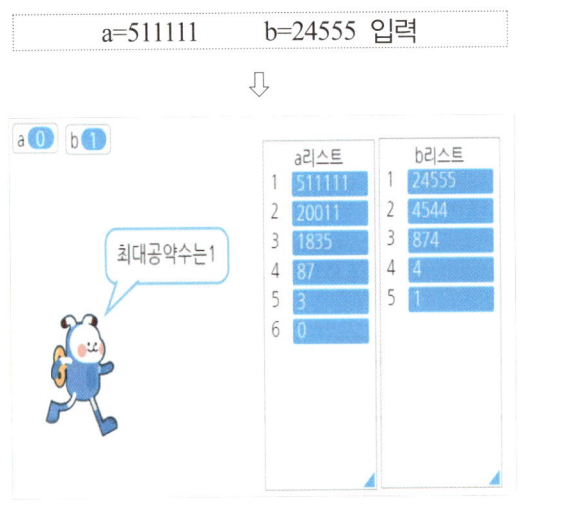

http://naver.me/Fe957aWX

CHAPTER 18 동전 던지기, 가위바위보

> **학습 내용!**
>
> - 엔트리 - 오브젝트 모양 바꾸기, 무작위 수
> - 수학 - 가능성(5-2-6자료의 표현)

> **장면1 : 동전 던지기**
> 동전을 던졌을 때 동전이 앞면, 뒷면, 옆면이 번갈아가면서 움직이다가
> 앞면과 뒷면 중 한 면이 나타납니다.

학생에게 질문 & 권고

- 필요한 오브젝트가 무엇입니까? 동전 오브젝트를 찾아봅시다.

- 엔트리봇을 삭제하고 100원 동전 블록을 불러오세요. 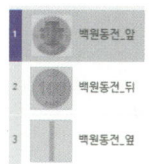 을 클릭해보면 동전 오브젝트의 모양 3가지를 볼 수 있습니다.

- 앞면, 뒷면, 옆면이 번갈아가면서 보이도록 하는 블록을 생김새 에서 찾아봅시다.

- 앞면과 뒷면 중 (무작위로) 어느 한 면이 나타나게 하기 위해서 필요한 블록은 무엇일까요?
  (0) 부터 (10) 사이의 무작위 수

- 무작위로 나타나게 할 것은 앞면과 뒷면 2가지입니다. 따라서 두 중 하나의 수로 나타냅니다. 우리는 두 수를 1과 2로 선택합시다.
  (1) 부터 (2) 사이의 무작위 수

블록 Tip

블록의 생김새에 다음과 같이 모양 바꾸기 블록이 있습니다.

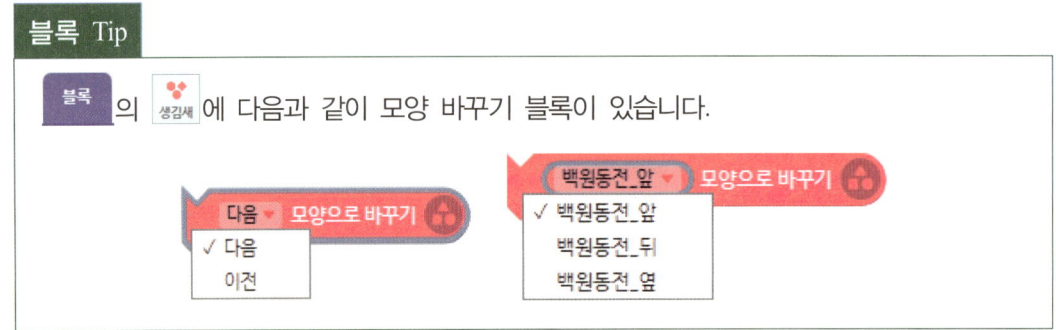

1과 2 중 (무작위로) 하나의 수를 나타낼 변수를 만듭니다. 변수 이름을 '동전모양'이라고 할까요?

→ 모양 바꾸기를 20번 반복하기

→ 동전모양을 1, 2 중 무작위로 정하기

→ 동전모양=1이면 앞모양

→ 동전모양=2이면 뒷모양

https://goo.gl/iGUuE3

- 동전의 옆면은 등장하나요? 등장하지 않는다면 그 이유는 무엇일까요?
  (~모양으로 바꾸기)에 동전의 앞면과 뒷면만 지정해 두었기 때문입니다. 만약 옆면도 추가한다면 등장할 수 있습니다.
- 계속 동전이 움직이다가 스페이스 바를 누르면 멈추게 하고 싶습니다. 이럴 때 어떻게 코딩하면 좋을지 생각해 봅시다.

http://naver.me/xFXsgeXF

> **장면2 : 동전 여러 번 던지기**
>   앞면의 개수와 뒷면의 개수를 세어 줍니다.

https://goo.gl/Sh8kR5

동전을 던질 때마다 개수가 변합니다.

장면3 : 주사위 던지기

학생에게 발문 & 권고

- 필요한 오브젝트를 찾아보세요.
- 주사위의 면은 모두 몇 개 입니까? 6개
- 변수는 모두 몇 개 입니까? 8개(던질 횟수를 결정하는 변수 1개, 주사위의 모양을 결정하는 변수 1개와 각 눈의 수가 나온 횟수를 기록하는 변수 6개)

→ 몇 번 던질까?
→ 대답 번 반복하기
→ 주사위모양 무작위로 정하기
→ 던진 횟수에 1만큼 더하기

→ 주사위모양=1일 때

→ 주사위모양=2일 때

→ 주사위모양=3일 때

→ 주사위모양=4일 때

→ 주사위모양=5일 때

→ 주사위모양=6일 때

→ 0.2초 기다리기

https://goo.gl/s9tsLn

교사를 위한 문제 1

주머니 속에 흰색 바둑돌 1개와 검은색 바둑돌 3개가 있습니다.
주머니에서 1개를 꺼내는 시행을 합니다.

① 4개의 돌에 1~4까지 번호를 붙이고 무작위 수가 1이면 흰 돌, 2,3,4면 검은 돌로 정합니다.

② '바둑돌이 든 주머니' 그림파일을 컴퓨터에 저장한 후 ➕ 오브젝트 추가하기 - 파일 올리기 로 그림을 불러옵니다.

③ 모양 을 클릭하고 그림 파일을 수정하여 '새 모양의 저장' 하면 새 그림이 추가됩니다. 흰색 바둑돌의 위치가 다르게 그림을 수정하여 4개의 모양을 만듭니다.

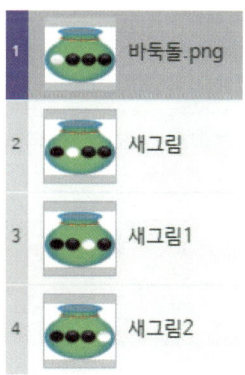

④ 바둑돌은 ➕ 오브젝트 추가하기 - 오브젝트 선택 으로 '원'을 불러옵니다.

⑤ 모양 을 클릭하고 그림의 색을 수정하여 검은색 바둑돌과 흰색 바둑돌 모양을 만듭니다.

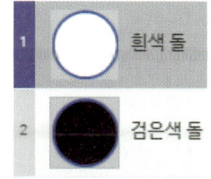

⑥ 필요한 변수(시행횟수, 흰색 횟수, 검은색 횟수, 흰색가능성)와 리스트(꺼낸 돌)를 만듭니다.

⑦ 두 오브젝트(바둑돌이 든 주머니, 바둑돌)에 대해 각각 코딩합니다.

오브
젝트2

https://goo.gl/r8aBgE

Chapter 18 동전 던지기, 가위바위보

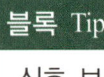

블록 Tip

신호 보내고 받기

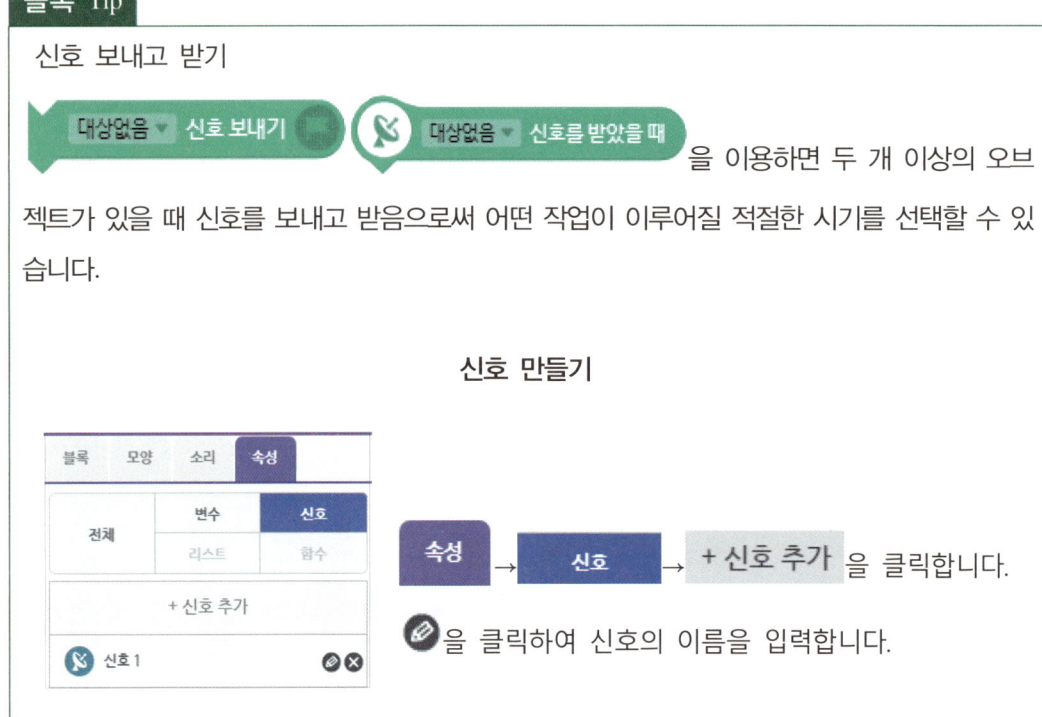

교사를 위한 문제 2

컴퓨터와 내가 가위바위보 게임을 합니다.

(1) 오브젝트1(알파고의 가위바위보): 가위바위보 오브젝트가 가위-바위-보 모양을 여러 번 바꾸다가 무작위로 가위 바위 보 중 하나를 나타냅니다.

(2) 오브젝트2(나의 가위바위보): 가위바위보 오브젝트가 내가 1을 입력하면 가위, 2를 입력하면 바위, 3을 입력하면 보가 나타냅니다.

(3) 오브젝트3(내 얼굴): 게임 결과를 내 표정과 함께 말해 줍니다.

→ 오브젝트2의 대답이 입력되기 전까지 모양 바꾸기를 합니다.

→ 오브젝트2의 대답이 입력된 후 반복을 중단합니다.

→ 1~3 무작위 수로 정하기

→ 1이면 가위

→ 2이면 바위

→ 3이면 보

→ 가위바위보의 결정이 끝났다는 신호를 보냅니다.

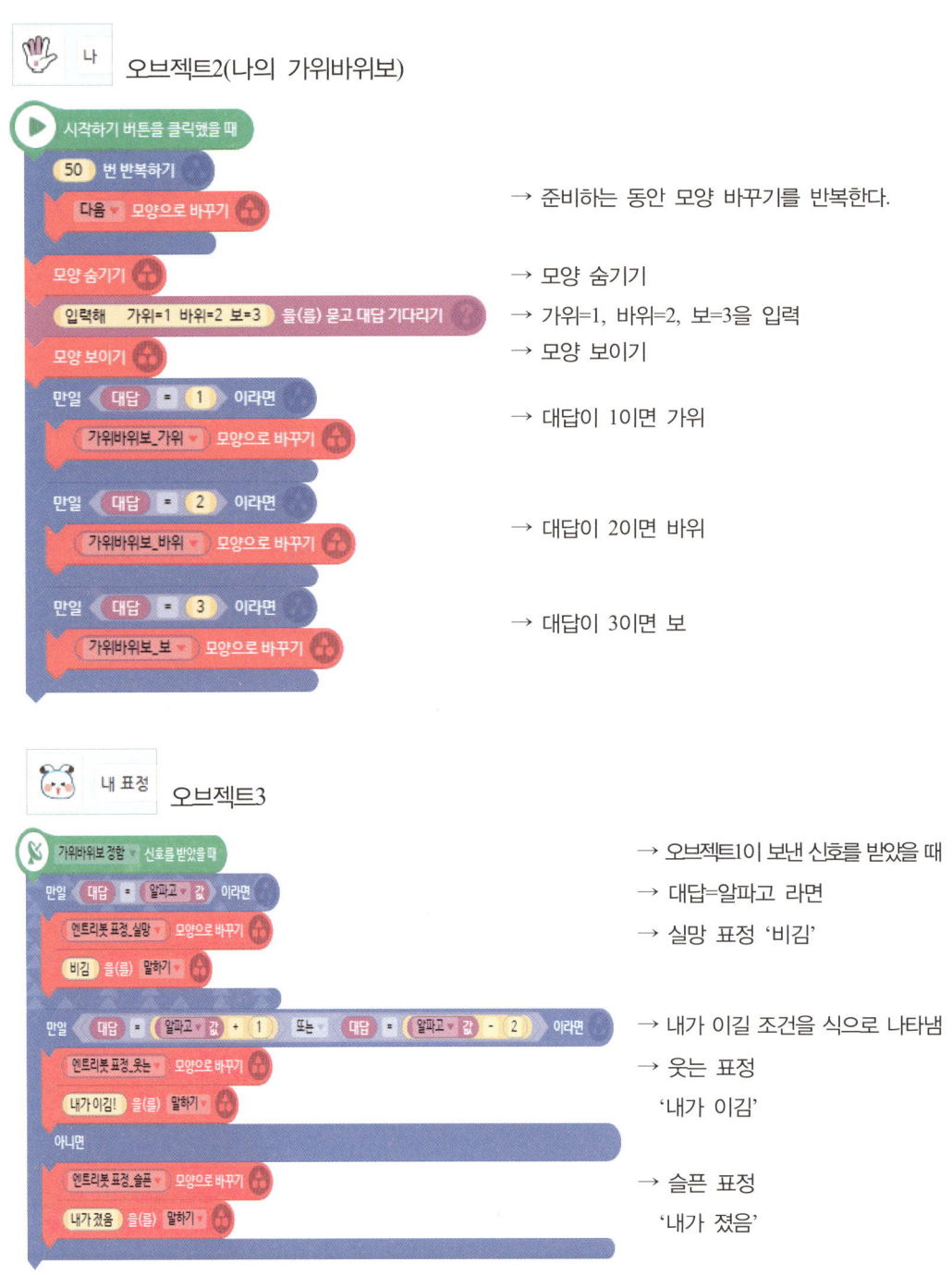

https://goo.gl/eGy8GM2

CHAPTER 19 평균 구하기

학습 내용!

- 엔트리 - 리스트에 추가하기
- 수학 - 반올림(5-2-6자료의 표현)

장면1 : 평균 점수 구하기
-국어, 사회, 수학, 과학 과목의 과목의 점수를 입력하면 엔트리봇이 평균을 계산해 줍니다.

학생에게 발문 & 권고

- 과목의 수는 몇 개입니까? **4개**
- 변수는 몇 개 필요합니까? **4개**
- 평균을 식으로 나타내 보세요. 평균 = $\dfrac{국어\,점수 + 사회\,점수 + 수학\,점수 + 과학\,점수}{4}$

```
시작하기 버튼을 클릭했을 때
국어 점수 입력해 을(를) 묻고 대답 기다리기
국어 점수▼ 를 대답 로 정하기
사회 점수 입력해 을(를) 묻고 대답 기다리기
사회 점수▼ 를 대답 로 정하기
과학 점수 입력해 을(를) 묻고 대답 기다리기
수학 점수▼ 를 대답 로 정하기
수학 점수 입력해 을(를) 묻고 대답 기다리기
과학 점수▼ 를 대답 로 정하기
평균은 과(와) 국어 점수▼ 값 + 사회 점수▼ 값 + 수학 점수▼ 값 + 과학 점수▼ 값 / 4 를 합치기 을(를) 말하기▼
```

http://naver.me/F5fNxtNA

> 장면2 : 데이터의 평균 구하기
> - 데이터를 입력하면 리스트에 추가하고 평균을 구해 줍니다.
>
> 23, 17, 20, 18, 22

학생에게 발문 & 권고

- 리스트가 필요합니다.
- 데이터를 입력하려면 입력창이 있어야 합니다. 입력창을 만드는 블록은 무엇입니까?

  `안녕! 을(를) 묻고 대답 기다리기`

- 리스트에 데이터를 입력하는 블록을 찾아봅시다. 리스트를 만든 후 `?자료` 를 클릭하면 리스트와 관련된 블록들이 새로 생성됩니다.

  `10 항목을 데이터▼ 에 추가하기`

- 데이터는 모두 몇 개입니까? 5개

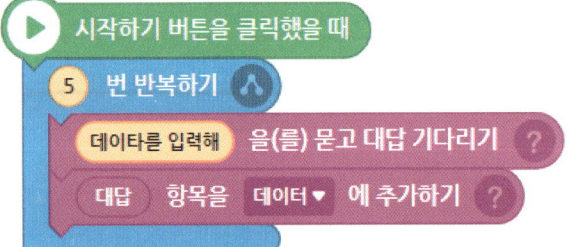

5개의 데이터 입력

학생에게 발문 & 권고

▶ 이제 평균을 구해야 합니다. 데이터 리스트에 입력된 값을 나타내는 블록을 찾아보세요.

② 평균을 블록을 사용하여 식으로 나타내보세요.

http://naver.me/GNoS7ybr

Chapter 19 평균 구하기　211

장면3 : 실시간 평균 구하기
 -데이터를 입력할 때마다 실시간으로 평균을 구하도록 코딩해 봅시다.

학생에게 발문 & 권고

- 데이터를 하나씩 더 입력할 때마다 평균이 달라지는 과정을 생각해 봅시다.
- 평균을 구하는 공식을 써 보세요.

  평균=자료의 합/자료의 수
- 변수를 두 개 만듭시다. (평균, 데이터의 합)
- 위의 문제와 마찬가지로 데이터를 입력할 리스트를 만듭니다.
- 데이터의 합에는 새로 입력한 데이터를 더합니다.
- 평균=데이터의 합/리스트의 항목 수

```
시작하기 버튼을 클릭했을 때
데이터의 합 ▼ 를 0 로 정하기
계속 반복하기
  데이터를 입력해 을(를) 묻고 대답 기다리기
  대답 항목을 데이터 ▼ 에 추가하기
  데이터수 ▼ 를 데이터 ▼ 항목수 로 정하기
  데이터의 합 ▼ 에 대답 만큼 더하기
  평균 ▼ 를 ( 데이터의 합 ▼ 값 / 데이터 ▼ 항목수 ) 로 정하기
```

http://naver.me/GewteTZI

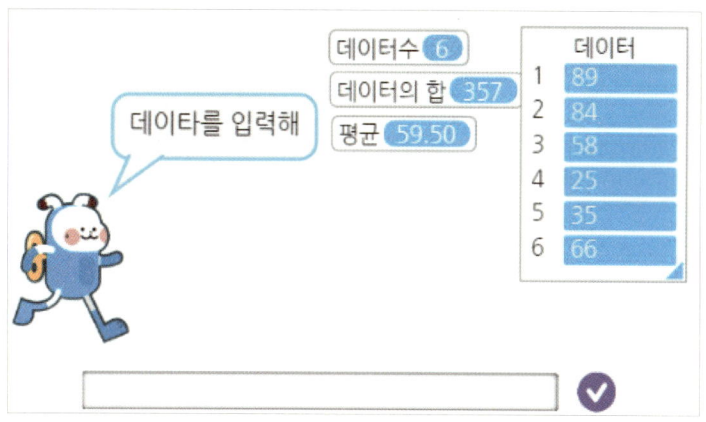

코딩 개념

을 이용하면 여러 개의 데이터를 리스트에 입력할 수 있습니다.

수학 개념

각 자료의 값을 모두 더하여 자료의 수로 나눈 값을 그 자료를 대표하는 값으로 정하면 편리합니다. 이 값을 평균 이라고 합니다.

$$(평균) = (자료\ 값의\ 합) \div (자료의\ 수)$$

평균 구하는 두 가지 방법
➡ 일정한 기준을 정해 기준보다 많은 것을 부족한 쪽으로 채우며 평균을 구합니다.
➡ 주어진 자료 값의 합을 자료의 수로 나누어 평균을 구합니다.

CHAPTER 20 우박수 계산하기

학습 내용!

- 엔트리 - 선택, 판단, 변수, 반복, 리스트
- 수학 - 우박수(4-1-6규칙 찾기)

우박수는 독일의 수학자 콜라츠(Lothar Collatz, 1910~1990)가 1937년에 만든 재미있는 문제입니다.

교과서 들여다보기   4-1 6단원 규칙 찾기

우박수는 3을 곱하고 1을 더하는 과정 때문에 '3n+1 문제'로 불리기도 하고, 콜라츠의 이름을 따서 '콜라츠의 추측'이라 불리기도 합니다.

> **콜라츠의 우박수 계산 규칙**
> ① 자연수를 하나 고릅니다.
> ② 고른 수가 짝수이면 2로 나누고, 홀수이면 3을 곱하고 1을 더합니다.
> ③ ②의 과정을 반복하면 그 결과는 항상 1이 됩니다.

이 규칙을 따라 계산을 계속하면 수가 커졌다 작아졌다 하는 일을 반복하다가 어느 순간 계속 작아져 1이 되는 모습이 마치 우박이 구름 속에서 오르내리며 자라다가 지상으로 떨어지는 것과 비슷하다는 뜻에서 '우박수(hailstone number)'라고 부르게 되었답니다.

7 ⇨ 22 ⇨ 11 ⇨ 34 ⇨ 17 ⇨ 52 ⇨ 26 ⇨ 13 ⇨ 40 ⇨ 20 ⇨ 10 ⇨ 5 ⇨ 16 ⇨ 8 ⇨ 4 ⇨ 2 ⇨ 1

> **장면1** : 어떤 수를 입력하면 엔트리봇이 우박수를 계산하여 1이 될 때까지 말합니다.

학생에게 발문 & 권고

- 우박수의 규칙은 무엇인가요? **짝수이면 2로 나누고, 홀수이면 3을 곱하고 1을 더합니다.**
- 마지막 수는 무엇인가요? **1입니다.**
- 변수는 몇 개 필요합니까? **1개**
- 필요한 블록을 찾아서 코딩해 봅시다.

→ x를 대답으로 정하기
→ x를 말하기
→ x가 1이 될 때까지 반복

→ x가 짝수인지 홀수인지 판별
→ x가 짝수이면 2로 나누어 다시 x로 정하기
→ 'x'를 1초 동안 말하기

→ x가 홀수이면 3을 곱하고 1을 더하여 다시 x로 정하기
→ 'x'를 1초 동안 말하기

http://naver.me/xzVBaCZh

학생에게 발문 & 권고

- 우박수 계산 과정을 보고 싶다면 리스트로 표현하면 좋습니다.
- 리스트를 만들고 코딩해 봅시다.

Chapter 20 우박수 계산하기

http://naver.me/FctV3no2

탐구하기

- 코딩 결과를 이용하여 콜라츠 박사의 추측이 참인지 확인해 보세요.
- 1부터 10 사이의 수 중 우박수 리스트의 길이가 가장 긴 수는 무엇일지 추측해 보고 실행하여 확인해 보세요.
- 1부터 10 사이의 수 중 어떤 수가 우박수 리스트의 길이가 가장 깁니까?

장면2 : 우박수의 길이; 어떤 수를 입력하면 엔트리봇이 우박수의 길이를 알려줍니다.

학생에게 발문 & 권고

- 리스트 블록에서 우박수의 길이를 알려주는 블록을 찾아보세요.

위의 코드 아래에  을 연결합니다.

교수-학습 방법

- 우박수의 규칙을 배우고 친구들과 충분히 놀이를 하여 우박수 규칙과 계산이 숙달된 후 코딩을 도입합니다.
- 어떤 수로 시작해도 1이 되는지 실행하면서 탐구하도록 합니다.
- 3n+1 대신 3n-1로 계산한다면 어떤 결과가 될지 추측해보도록 한 후, 코딩하여 실행해 보면서 반례를 찾아보도록 할 수 있습니다.
- 이러한 과정에서 학생들은 코딩의 효과와 가치를 느낄 수 있게 될 것입니다.

이론적 배경

우박수는 얼마나 커질까?

언뜻 보기에는 어떤 수에서 시작하든 우박수는 조금 커지다가 곧 작아질 것처럼 보입니다. 앞의 예에서 7이 조금 많은 단계를 거치긴 하지만, 나타나는 수들이 그리 크지는 않습니다. 그러나 예상과 달리 그리 크지 않은 수에서 시작하여 깜짝 놀랄 만큼 급격하게 우박수가 커지는 경우가 있습니다. 바로 27이 그런 수입니다. 실제로 코딩 결과에 27을 입력해보고 얼마나 큰 수가 되는지 확인해 봅시다. 리스트로 나타내면 알아보기 쉽습니다.

차츰 커지던 수는 77번째 단계에서 무려 9232가 되어, 이러다 한없이 커지는 게 아닐까 걱정될 즈음, 급격하게 작아지기 시작하여 30단계를 더 나아간 112번째 단계에서 1이 됩니다. 그림은 27에서 시작하여 각 단계마다 등장하는 우박수들을 나타내어 선으로 연결한 것입니다. 78번째 단계에서 9000을 넘는 것을 볼 수 있습니다.

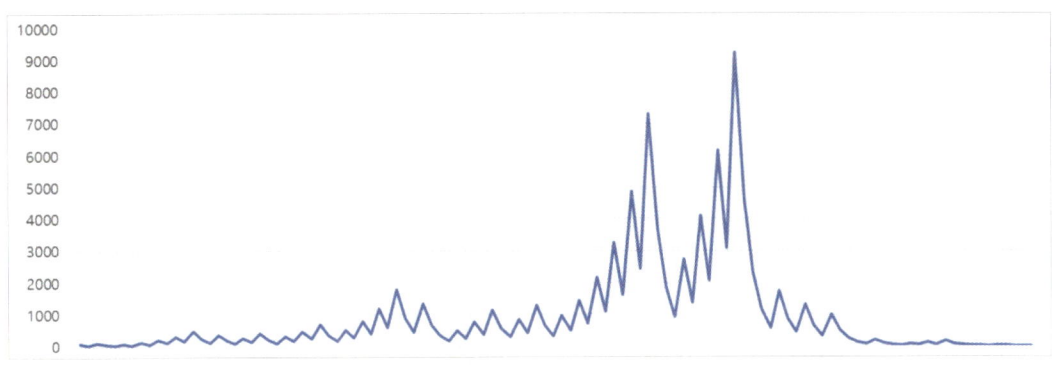

우박수는 결국 1이 된다?

코딩 결과를 실행하여 실험해 볼 수 있을 것입니다.

콜라츠가 이 문제를 제기한 이후, 수많은 사람들이 반례를 찾기 위해 노력하였습니다. 단 하나의 반례만 있어도 콜라츠의 추측은 거짓이 됩니다. 그러나 몇 십 년 동안의 노력에도 불구하고 단 하나의 반례도 발견되지 않았습니다. 컴퓨터 시대가 도래 한 이후, 엄청나게 큰 범위의 수까지 콜라츠 추측이 성립하는지 조사할 수 있게 되었습니다. 이 추측이 거짓일 리는 없어 보이지만, 상상을 초월하는 범위에서 반례가 존재할 가능성이 전혀 없는 것은 아닙니다. 반례를 찾는 것이라면 이런 과정을 통해서도 가능하겠지만, 무한히 많은 모든 자연수에 대해 추측이 참임을 증명하려면 추측이 내포하고 있는 수학적인 구조를 모르고서는 가망이 없는 일입니다. 이런 구조를 밝혀내는 것이야말로 수학이 추구하는 것이며, 이런 과정을 통해 수학은 더욱 발전하게 됩니다.

식을 바꿔 보면 어떨까?

3n+1 대신 3n-1로 계산한다면 어떻게 될까요? 즉, 짝수는 2로 나누고, 홀수는 세 배한 다음 1을 뺍니다. 이 경우에도 어떤 수에서 시작하든 항상 1이 될까요?

3n-1로 계산하는 경우, 놀랍게도 반례가 존재합니다. 코딩하여 반례가 되는 수를 찾아봅시다.

https://goo.gl/UcmGL7

5, 17 등이 반례가 되는 수입니다.

교사를 위한 문제 1

장면

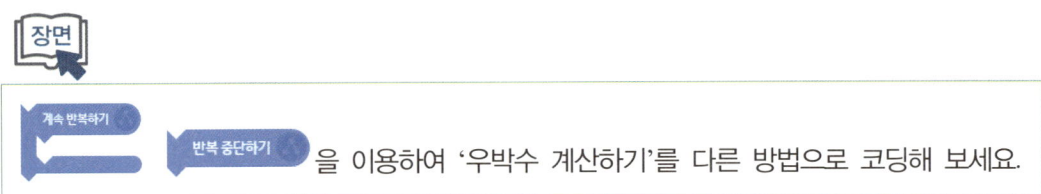
을 이용하여 '우박수 계산하기'를 다른 방법으로 코딩해 보세요.

풀이의 예

https://goo.gl/jmaj7J

교 사 를 위 한 문 제 2

1부터 10까지 수의 우박수의 길이를 알려줍니다.

http://naver.me/GZqv8S6S

1부터 10사이의 수 중 '우박수의 길이'가 가장 긴 수는 9 라는 사실을 확인할 수 있군요.

CHAPTER 21 소수 구하기 (에라토스테네스의 체)

> **학습 내용!**
> - 엔트리 - 리스트, 조건문
> - 수학 - 소수

소수(prime number)는 한자로 바탕 소(素), 셀 수(數)이며, '바탕이 되는 수'라고 할 수 있습니다. 즉 소수는 다른 자연수로 더 이상 쪼개지지 않는 가장 기본이 되는 수로 1과 자기 자신 외에 다른 약수를 가지지 않는 수입니다. 즉, 약수가 2개인 수입니다.

소수를 찾는 방법을 말해 봅시다.
- 약수의 개수가 2개인 수를 찾는 방법 (앞에서 배웠습니다.)
- 에라토스테네스의 체 방법

> **에라토스테네스의 체**

그리스의 수학자이자 지리학자인 에라토스테네스가 고안한 소수를 찾는 방법입니다. 이 방법은 자연수를 체로 쳐서 소수만 고르는 방법입니다. 다음과 같은 순서대로 합니다.
① 1부터 시작해 n까지의 자연수를 차례로 쓴다.
② 1은 소수가 아니므로 지운다.
③ 2를 제외한 2의 배수를 지운다(p=2).
④ 다음 소수인 3을 제외한 3의 배수를 지운다(p=3).
⑤ 다음 소수인 5를 제외한 5의 배수를 지운다(p=5).
  ·
  ·

⑥ p의 제곱이 n 보다 커질 때($p^2 \geq n$)³)까지 이 방법을 계속한다.

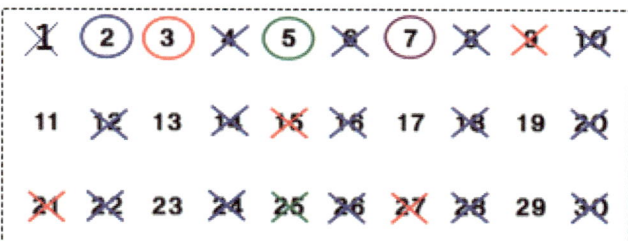

지워지지 않고 남은 수들이 소수들입니다.

만일 30이하의 소수를 모두 구하려면 물론 이 방법을 30까지 계속해도 되지만 $6^2 > 30$ 이므로 p=6까지만 하면 됩니다.

에라토스테네스의 체의 방법으로 소수(100이하의 소수)를 구하는 코딩을 해 봅시다.

① 1부터 시작해 100까지의 자연수를 차례로 쓴다.
리스트를 만듭니다(리스트 이름을 에라토스테네스의 체라고 할까요?).
변수(n: 1부터 100까지의 수)를 만듭니다.

 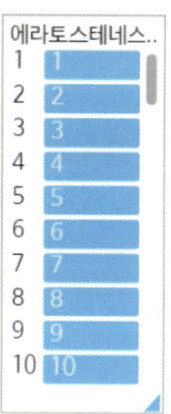

---

3) n보다 작은 합성수(소수가 아닌 수)는 반드시 $\sqrt{n}$ 보다 작은 약수를 가지고 있기 때문이다.

② 1은 소수가 아니므로 지운다.

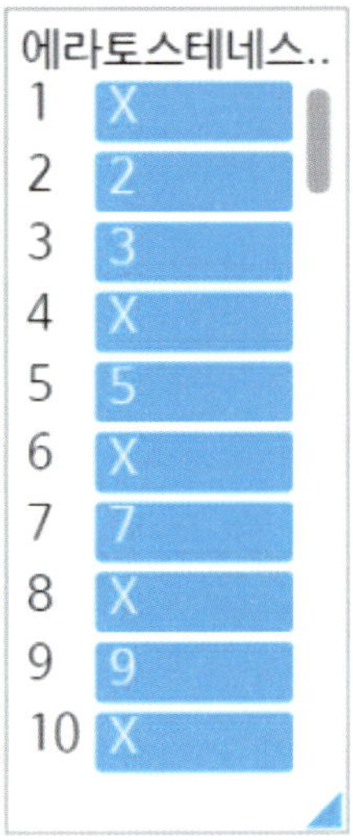

③ 2 이외의 2의 배수를 지운다(p=2).

변수(p: 소수를 나타내기 위한 변수)를 만듭니다.

변수(k: p×k를 나타내기 위한 변수)를 만듭니다.

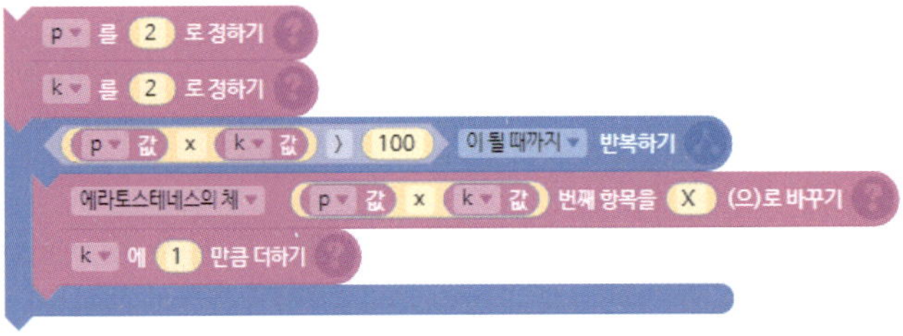

④ 그 다음 소수인 3을 제외한 3의 배수를 지운다(p=3).
⑤ 그 다음 소수인 5를 제외한 5의 배수를 지운다(p=5).
    .
    .

⑥ p의 제곱이 n보다 커질 때까지 이 방법을 계속한다($p^2 \geq n$).

→ 1~100 리스트

→ 1 지우기

→ 2 이외의 2의 배수 지우기

http://naver.me/FONIC1yj

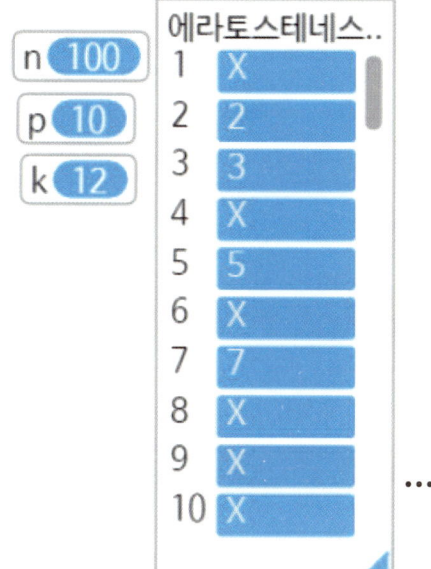
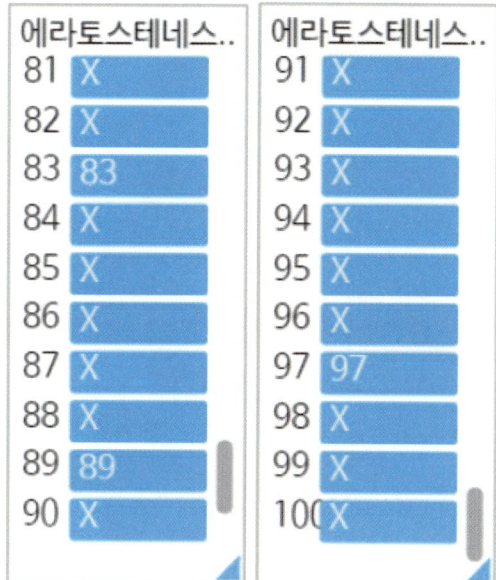

실행 결과를 보면 소수만 남은 것을 볼 수 있습니다. 그런데 `p에 1만큼 더하기`

을 반복하였으므로 실제로 p가 소수가 아닌 수까지 포함한 결과입니다.

(결과는 같게 될지라도)[4] 우리는 '에라토스테네스의 체'의 방법을 준수하기 위하여

`p에 1만큼 더하기` 대신 '그 다음 소수'로 제한합시다.

`p에 1만큼 더하기` 하여 어떤 p의 차례가 되었을 때 p가 소수가 아니라면 이미 X표

시가 되어 있을 것입니다. 만일 p가 소수라면 `에라토스테네스의 체의 p값 번째 항목`

이 X가 아니고 숫자 p가 적혀 있겠죠.

'p가 소수일 때' 즉 `에라토스테네스의 체의 p값 번째 항목` 이 X가 아닐 때를 블록으

로 나타내 봅시다. `에라토스테네스의 체의 p값 번째 항목 = X (이)가 아니다`

---

4) 예를 들면 `p에 1만큼 더하기` 하며 p가 4가 되었다고 합시다. 4의 배수는 2의 배수이므로 이미 4의 배수는 모두 X표 되어 있습니다. 반복과정을 거치더라도 아무런 변화가 없는 것입니다. 따라서 결과는 같습니다.

```
시작하기 버튼을 클릭했을 때
n▼ 를 0 (으)로 정하기
   n▼ 값 = 30 이 될 때까지▼ 반복하기
      n▼ 에 1 만큼 더하기
      n▼ 값 항목을 에라토스테네스의 체▼ 에 추가하기
   에라토스테네스의 체▼ 1 번째 항목을 X (으)로 바꾸기
   p▼ 를 2 (으)로 정하기
      p▼ 값 = 6 이 될 때까지▼ 반복하기
         만일 에라토스테네스의 체▼ 의 p▼ 값 번째 항목 = X (이)가 아니다 (이)라면
            k▼ 를 2 (으)로 정하기
               p▼ 값 x k▼ 값 > 30 이 될 때까지▼ 반복하기
                  에라토스테네스의 체▼ 의 p▼ 값 x k▼ 값 번째 항목을 X (으)로 바꾸기
                  k▼ 에 1 만큼 더하기
         p▼ 에 1 만큼 더하기
```

http://naver.me/FGmjRnuO

　결과는 같지만 이 조건을 추가하면 실행 속도가 훨씬 빨라짐을 볼 수 있습니다. 필요 없는 일(p가 소수가 아닐 때)을 하지 않아도 되기 때문이다.

CHAPTER 22 피보나치수열

학습 내용!

- 엔트리 - 리스트 항목
- 수학 - 수열, 피보나치수열, 규칙 찾기

피보나치수열

피보나치수열은 지금으로부터 약 800여 년 전 이탈리아의 상인이며 수학자인 피보나치(Leonardo Fibonacci, 1170?~1250?)의 저서 『산반서 Liber abaci』에 수록되어 있는 재미있는 문제들 중의 하나입니다.

들판에 갓 태어난 암수 한 쌍의 토끼가 있다. 토끼들은 한 달이 지나면 성숙하여 두 달의 끝 부분에 암컷이 암수 한 쌍의 토끼를 낳는다. 토끼들은 절대로 죽지 않고, 암컷은 암수 한 쌍의 새끼를 둘째 달부터 계속해서 낳는다고 하면, 1년 후에는 얼마나 많은 토끼가 들판에 있을까?

이 이야기에서 생기는 수열을 피보나치수열이라고 하며, 이 수열의 각 항에 나타나는 수를 피보나치수라고 합니다.

$$1, 1, 2, 3, 5, 8, 13, 21, 34, 55, 89, 144, 233, \ldots$$

피보나치수열의 특징은 앞의 두 항의 합이 다음 항이 된다는 것입니다.

$$F_n = F_{n-1} + F_{n-2} \ (n \geq 3)$$

장면1 : 피보나치수열을 리스트로(10개 까지) 보여줍니다.

먼저 리스트(피보나치수열)를 만듭시다.

 방법1

https://goo.gl/EZBu8s

 방법2

https://goo.gl/GyTkir

 방법3

https://goo.gl/UsXAwP

 방법4

https://goo.gl/4TwvEv

이 외에도 다른 방법이 더 있을 것입니다. 다양한 방법으로 문제를 해결하는 것은 창의력을 기르는 좋은 방법 중의 하나입니다.

> **장면2** : 피보나치수열을 리스트로 보여주고, 엔트리봇이 피보나치수를 순서대로 말합니다.

각 코드에 다음 코드를 연결하면 엔트리봇이 리스트의 항목을 순서대로 말하겠죠?

```
k▼ 를 1 로 정하기
10 번 반복하기
    피보나치수열▼ 의 k▼ 값 번째 항목 을(를) 1 초 동안 말하기▼
    k▼ 에 1 만큼 더하기
```

CHAPTER 23 재귀적 절차(2)

(Σn, $n!$, 2^n, Σn^3, Σn^n)

학습 내용!

- 엔트리 - 재귀적 절차 - 만일 참이라면
- 수학 - 재귀, Σn, $n!$, 2^n, Σn^3, Σn^n

프로그래밍에서 재귀함수는 그 함수 안에서 자기 자신을 다시 불러서 함수가 실행되도록 만든 것입니다. 재귀적 절차에 대해서는 1부 10장에서 언급하였고, 재귀를 이용하여 도형의 작도를 하였습니다. 여기서는 재귀를 이용한 연산을 생각해 봅시다.

재귀적 절차를 사용하는 수와 연산에는 어떤 것이 있을까요?

1, 1+2, 1+2+3, 1+2+3+4, 1+2+3+4+5, … , $\Sigma n = \Sigma(n-1) + n$

1, 1×2, 1×2×3, 1×2×3×4, 1×2×3×4×5, … , $n! = (n-1)! \times n$

2, 2×2, 2×2×2, 2×2×2×2, 2×2×2×2×2, … , $2^n = 2^{n-1} \times 2$

에서 n번째 항을 구하기 위해서는 (n-1)번째 항까지의 과정을 반복해야 합니다.

장면1 : 어떤 자연수(n)를 입력하면 1부터 그 수(n)까지의 합을 계산해 줍니다.

 방법1 2

먼저 두 개의 변수(k, 합)를 만듭시다.

https://goo.gl/ZzBBkk

 방법3

https://goo.gl/uSkvzN

재귀적 방법

변수(답) 만들기를 하고, 함수 만들기(시그마(n))를 합니다.

 방법1 2

https://goo.gl/DdFTxh

시그마(3)을 재귀적으로 계산하는 과정을 살펴봅시다.

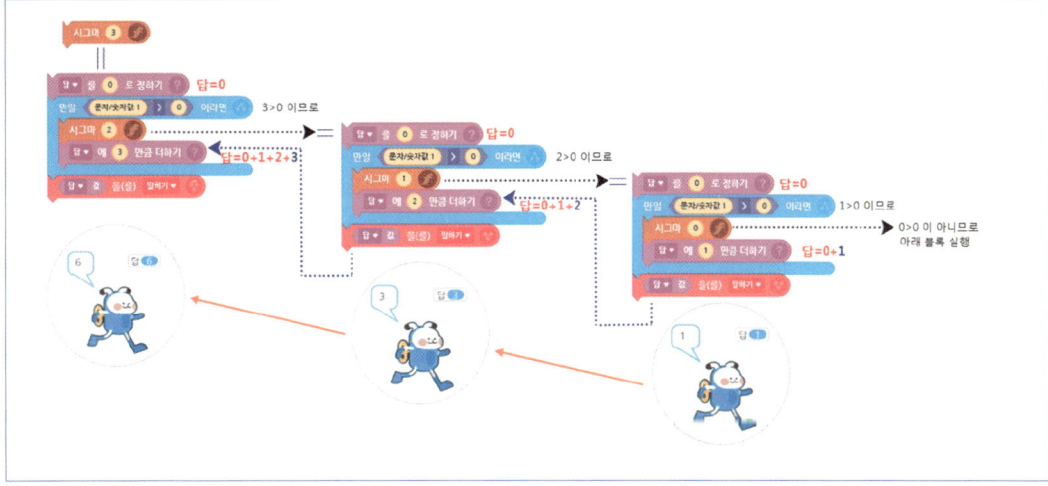

 방법3

https://goo.gl/q1twxJ

장면2 : 어떤 자연수(n)를 입력하면 1부터 그 수(n)까지의 곱을 계산해 줍니다.

먼저 두 개의 변수(k, 곱)를 만듭니다.
앞 문제(Σn)의 풀이와 비교하면서 생각해 봅시다.

▶ 초기화에서 곱을 얼마로 정해야 합니까?

합을 구할 때는 0으로 초기화 했습니다.
곱을 구할 때는 1로 초기화 해야겠죠?

▶ 위 문제의 (방법1, 2)와 같은 방법으로 이 문제를 해결할 수 있습니까?

대신 사용할 '곱하기' 블록이 없기 때문에 불가능합니다.

▶ 앞 문제의 (방법3)을 응용하여 해결해 보세요. 바꾸어야 할 것은 무엇입니까?

https://goo.gl/tNGJb4

재귀적 방법

https://goo.gl/vpWfsH

장면3 : 어떤 자연수(n)를 입력하면 2^n을 계산해 줍니다.

재귀적 방법

https://goo.gl/iNLWHC

연 습 문 제

- 재귀적 절차로 코딩할 수 있는 연산 문제를 찾아봅시다.

- 재귀적 방법으로 다음을 코딩해 봅시다.
  ① $1^2 + 2^2 + 3^2 + \cdots + n^2 = \Sigma\, n^2$
  ② $1^3 + 2^3 + 3^3 + \cdots + n^3 = \Sigma\, n^3$

풀이

① https://goo.gl/XFkU16

② https://goo.gl/9YfLNs

심 화 문 제

▶ 재귀적 방법으로 다음을 코딩해 봅시다.

$$1 + 2^2 + 3^3 + \cdots + n^n = \Sigma\, n^n$$

 설명

먼저 n^n을 계산하는 함수를 만드는 게 좋겠어요. 리스트로 보여주면 더 좋을 것 같네요.

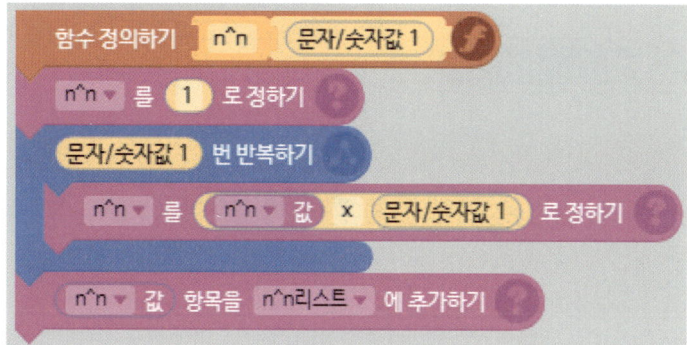
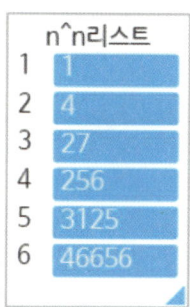

https://goo.gl/GST48E

참고문헌

J. M. Wing(2006). Computational thinking. Communications of the ACM 49 (3), 33-35.

임해경, 강순자, 이상경(2019). 초등수학코딩(엔트리 도형편). 길벗어린이.

임해경, 강순자, 이상경(2020). 초등수학코딩(엔트리 연산편). 길벗어린이.

강순자 , 임해경, 김지원, 주재은(2019). 엔트리와 함께하는 중등수학: 기하편. 이모션북스.

강순자, 임해경, 김지원, 주재은, 장미라(2020). 엔트리와 함께하는 코딩수학: 대수편. 이모션북스.